Die Praxis der induktiven Warmbehandlung

Die Praxis der induktiven Warmbehandlung

Von

Dr.-Ing. Kurt Kegel

Leiter des AEG-Forschungsinstitutes Reinickendorf
Berlin

Mit 146 Abbildungen

Springer-Verlag

Berlin/Göttingen/Heidelberg

1961

ISBN-13: 978-3-642-48077-5   e-ISBN-13: 978-3-642-48076-8

DOI: 10.1007/978-3-642-48076-8

© by Springer-Verlag OHG., Berlin/Göttingen/Heidelberg 1961
Softcover reprint of the hardcover 1st edition 1961

Vorwort

In der maschinenbauenden Industrie, vor allem im Kraftfahrzeugbau,
in der Büromaschinenfertigung, im Werkzeugmaschinenbau usw., zwin-
gen die Forderungen zur Leistungssteigerung, Rationalisierung und zur
einfacheren Handhabung des Fertigungsablaufes, zum Teil grundlegend
neue Methoden einzusetzen. So hat man auch auf dem Gebiete der
Warmbehandlung nach neuen Arbeitsverfahren, die sich in eine Fließ-
fertigung einfügen lassen, gesucht. Es bietet sich hier für eine Reihe von
Anwendungen die induktive Erwärmung mit Mittel- und Hochfrequenz
an. Diese Verfahren finden seit etwa 10 Jahren immer mehr Eingang in
die verschiedensten Fertigungsgebiete. An Literatur steht in deutschen
und ausländischen Zeitschriften eine große Auswahl zur Verfügung. An
zusammenfassenden Werken ist in Deutschland bisher wenig erschienen;
es seien die beiden Werke von E. HÖHNE und W. BRUNST des Springer-
Verlages erwähnt. Beide Bücher geben über das gesamte Gebiet einen
ausgezeichneten Überblick. Wenn ich trotzdem versuche, diesen beiden
Büchern ein drittes hinzuzufügen, so deshalb, um dem Betriebs- und
Fabrikationsingenieur einen Wegweiser und eine Hilfe für seine oft nicht
einfache Aufgabe zu geben. Daher ist auch ganz bewußt davon Abstand
genommen worden, die theoretischen Vorgänge bei der induktiven Warmbehandlung in aller Ausführlichkeit zu behandeln; vielmehr sind praktische Anwendungen und die Erfordernisse des Betriebes beschrieben
und nur dazu die notwendigen theoretischen Bindungen. Hat der Leser
das Bedürfnis, sich weiter in die Materie der Induktionserwärmung zu
vertiefen, so möge er zu dem Buch W. BRUNST, ,,Die induktive Wärmebehandlung‘‘, greifen.

In dem vorliegenden Buch sind praktische Erfahrungen wieder-
gegeben, die in der Abteilung für induktive Hochfrequenzerwärmung des
AEG-Forschungsinstitutes Berlin gesammelt wurden. Weiter haben viele
Firmen, die ebenfalls auf diesem Gebiet arbeiten, mir in dankenswerter
Weise eine große Anzahl von Unterlagen zur Verfügung gestellt und
meine Arbeit wesentlich unterstützt.

Abschließend möchte ich all denen danken, die mir meine Arbeit er-
möglicht haben, insbesondere meiner Firma, der Allgemeinen Elektrici-
täts-Gesellschaft Berlin, und vor allem Herrn Dr. phil. Karl STEIMEL,

der mir die Anregung zu diesem Buch gab, ferner Herrn Dipl.-Ing. G. STEPHAN von der Firma NSU, der mir viele Unterlagen und wertvolle Ratschläge gab. Nicht zuletzt danke ich meinen Mitarbeitern und besonders meiner Elektroassistentin, Fräulein Sigrid SCHIRMER, die mich bei der Zusammenstellung der Unterlagen und Manuskriptdurchsicht unterstützte.

Dem Springer-Verlag danke ich für die gute Ausgestaltung des Buches und für die Geduld, die er mir bei allen Nöten und Wünschen entgegenbrachte.

Berlin-Wilmersdorf, November 1960

K. Kegel

Inhaltsverzeichnis

1 Einführung

1.1 Die Bedeutung der Warmbehandlung der Metalle

In der Industrie hat die Warmbehandlung der Metalle eine besondere
Bedeutung, vor allem für die spanlose Verformung irgendwelcher Werkstücke (Schmieden und Pressen), für das Härten und das Vergüten von
Stahl, für Behandlungsprozesse zum Spannungsfreiglühen von Bauteilen
nach dem Schweißen oder Härten und für das Weich- oder Hartlöten.

1.2 Gebräuchliche Warmbehandlungsverfahren

Die Warmbehandlungsverfahren haben sich seit Jahrhunderten entwickelt. Man hat zunächst nur die Ofenbehandlung ausgeübt, wobei
auch heute noch Öfen mit Gas-, Öl- und Koksfeuerung arbeiten. Später
ist dann die elektrische Beheizung der Öfen eingeführt worden. Für jeden
Anwendungszweck werden von der Industrie besonders entwickelte Öfen
und Anlagen eingesetzt, um bestimmte Ergebnisse zu erzielen und die
Wirtschaftlichkeit besonderer Verfahren zu steigern.

Für das Schmieden und Härten werden gas- und ölbeheizte Öfen seit
langem gebraucht. Auch zum Löten werden Öfen benutzt, teils für die
Tauchlötung, teils für Schutzgaslötungen. Besonders für Härtezwecke
gibt es eine große Anzahl von Verfahren, die wir im folgenden aufzählen
aber nicht besprechen wollen. Diese sind:

a) Die Einsatzhärtung, bei der einem zu härtenden Werkstück aus koh-
lenstoffarmem Stahl (C < 0,35%) von einem kohlenstoffabgebenden Mittel
in der Oberfläche Kohlenstoff zugeführt wird, kann in gas-, öl- oder
elektrisch beheizten Öfen durchgeführt werden.

b) Die Salzbadhärtung. Hierbei wird das Werkstück in ein auf Härtetemperatur gebrachtes Salzbad eingehängt, wobei das Salzbad hinsichtlich seines Kohlungsverhaltens entsprechend den zu behandelnden
Stahlsorten aktiv oder neutral sein kann.

c) Gasaufkohlung. Als Kohlungsmittel wird hierbei ein an das Werkstück kohlenstoffabgebendes Gas, z. B. Propan, verwendet. Der Gas-
aufkohlungsprozeß wird in gas-, öl- oder elektrisch beheizten Öfen durchgeführt. Die Atmosphäre im Ofenraum besteht aus einem Trägergas
mit dem Kohlungsgas.

d) Nitrierhärtung. Für die Nitrierhärtung sind im allgemeinen besonders legierte Stähle erforderlich. Nitriert wird meist in elektrisch beheizten Schachtöfen mit gespaltenem Ammoniak bei einer Temperatur von etwa 500° bis 550° C.

e) Flammen- oder Brennhärten ist eine Warmbehandlungsart zum Härten von Werkstücken aus Vergütungsstahl mit einem Kohlenstoffgehalt von mehr als 0,35%. Die Werkstücke werden mit Spezialbrennern erwärmt, wobei Azetylen-Sauerstoff oder meist Leuchtgas-Sauerstoff als Brenngas Anwendung findet. Die Erwärmung erfolgt nur an der zu härtenden Oberfläche der Werkstücke.

f) Die induktive Warmbehandlung. Außer den bisher genannten Verfahren führt sich in der Praxis immer mehr ein elektrisches Verfahren, die induktive Erwärmung, ein. Seine Grundlagen gehen auf Kjellberg und Steinmetz zurück. Einen gewissen Aufschwung erfuhr diese Erwärmungsart in den Jahren während des ersten Weltkrieges, als Northrup Dimensionierungsvorschriften für Induktionsschmelzöfen entwickelte.

Die ersten Versuche zur induktiven Härtung von Bauteilen bzw. zur induktiven Warmbehandlung wurden an verschiedenen Stellen schon in den Jahren 1920 bis 1932 gemacht. In Amerika sind 1932 die ersten Härteanlagen mit induktiver Erwärmung errichtet worden. In Deutschland sind etwa seit 1922 Induktionsschmelzöfen gebaut worden, und 1938 wurde die erste Kurbelwellenhärteanlage in Betrieb genommen. Seitdem sind schon viele Anlagen zum Härten, Löten und Schweißen sowie für die Schmiedeerwärmung errichtet worden und haben sich bewährt.

Im Laufe der Zeit stand man wiederholt auf dem Standpunkt, daß wohl das induktive Warmbehandlungsverfahren die anderen Verfahren weitgehend ablösen wird. Dies ist jedoch nicht richtig, da jedes Verfahren seine technische Berechtigung hat und nicht ohne weiteres das eine durch das andere ersetzt werden kann. Vielmehr kann nur auf Grund der betrieblichen Erfordernisse, der Größe eines Fabrikbetriebes, des täglichen oder stündlichen Durchsatzes, und vor allem auch des bzw. der zu bearbeitenden Werkstücke entschieden werden, welche Erwärmungs- und Härteverfahren zu wählen sind.

Im allgemeinen werden induktive Warmbehandlungsverfahren dann verwendet, wenn man große Stückzahlen gleicher Teile behandeln muß oder eine fließende Produktion unter Ausschaltung von Transportwegen haben will. Das schließt nicht aus, daß ab und zu auch bei Einzelstücken infolge bestimmter Bearbeitungsverfahren eine induktive Erwärmung sinnvoll ist. Wir wollen aber festhalten, daß alle Verfahren ihre Berechtigung haben und ihre Wahl nur von betrieblichen und vor allem wirtschaftlichen Erwägungen abhängt.

1.3 Beschränkung auf Schmiedeerwärmung, Glühen, Löten, Schweißen, Härten

Im folgenden wollen wir uns mit der Praxis der induktiven Warmbehanlung befassen, uns hierbei aber auf die Anwendungen zum Schmieden, Löten, Schweißen, Spannungsfreiglühen von Schweißnähten, Glühen zum Vergüten und insbesondere Härten von Stahl beschränken. Es gibt noch einige andere Anwendungszwecke der induktiven Erwärmung, wie z. B. Verschmelzen von Glas, Sintern von Hartmetallen usw. oder Mischververfahren (dielektrisch-induktiv), die wir nicht behandeln. Die Einteilung des Stoffes ist in der oben angegebenen Reihenfolge gewählt, um einen organischen Aufbau von den einfachen Anwendungen zu den schwierigeren zu geben. Nicht nur die Anwendungen werden besprochen, sondern auch die Stromquellen (Generatoren) und die notwendigen Arbeitsmaschinen und insbesondere die Dinge, die den Betriebsingenieur angehen.

2 Das Prinzip der induktiven Warmbehandlung

2.1 Allgemeines

Bei der induktiven Warmbehandlung haben wir es mit einem Verfahren zu tun, bei dem direkt im Werkstück mit Hilfe elektrischer Energie Wärme erzeugt wird, nicht mit direktem Stromdurchgang, sondern mit elektrischer Energie, die durch induktive Einwirkung von elektromagnetischen Wechselfeldern übertragen wird. Das heißt, wir wenden hier das in der Elektrotechnik weit verbreitete Verfahren der transformatorischen Übertragung elektrischer Wechselstromenergie an. Schickt man durch eine Spule 2 (Abb. 1) einen Wechselstrom, so entsteht in der Spule ein Magnetfeld, das seine Richtung im Takt der Frequenz des durch die Spule fließenden Wechselstromes ändert. Bringt man in der Nähe oder innerhalb dieser Spule eine Spule 1 an, die von den magnetischen Kraftlinien des Wechselfeldes der Spule 2 durchsetzt wird, so wird in der Spule 1 eine Wechselspannung induziert, und man kann an ihren Klemmen elektrische Energie entnehmen. Je nach Windungszahl der

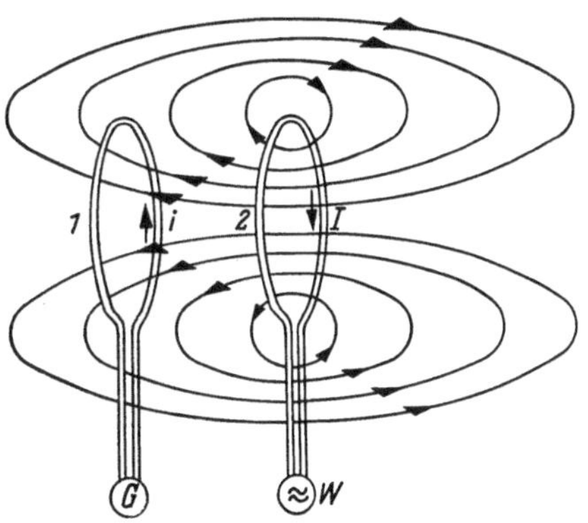

Abb. 1. Kraftlinienverlauf zweier gekoppelter Stromkreise
J = erregender Strom, i = induzierter Strom, K = magn. Kraftlinien, W = Wechselstromquelle, G = Instrument

Spule *1* wird die Spannung des Wechselstromes herab- oder heraufgesetzt, wobei sich der Strom so ändert, daß die Leistung im Idealfall dieselbe bleibt. Das heißt, die Leistung, die man der Spule *2* zuführt, kann an den Klemmen der Spule *1* mit veränderter Spannung und entsprechendem Strom abgenommen werden, wenn wir von den bei der Transformation auftretenden unvermeidlichen Verlusten absehen (Abb. 1). Schließt man die sekundäre Spule *1* kurz, so wird die gesamte Energie in der sekundären Spule in Wärme umgesetzt.

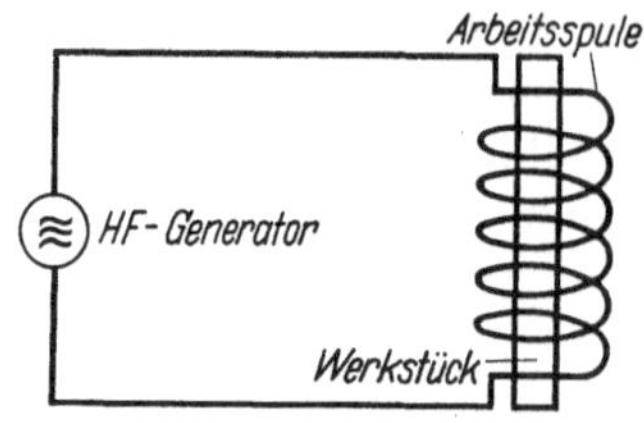

Abb. 2. Prinzip einer Hochfrequenz-Glühanlage

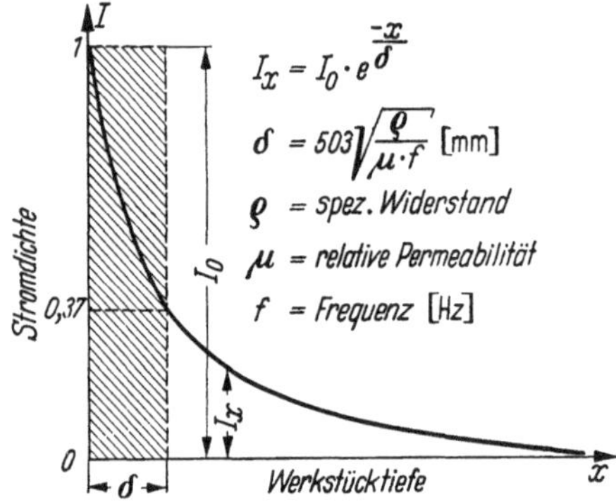

$$I_x = I_0 \cdot e^{\frac{-x}{\delta}}$$

$$\delta = 503\sqrt{\frac{\varrho}{\mu \cdot f}} \ [\text{mm}]$$

ϱ = spez. Widerstand

μ = relative Permeabilität

f = Frequenz [Hz]

Abb. 3. Eindringtiefe δ von Wechselströmen im Leiter

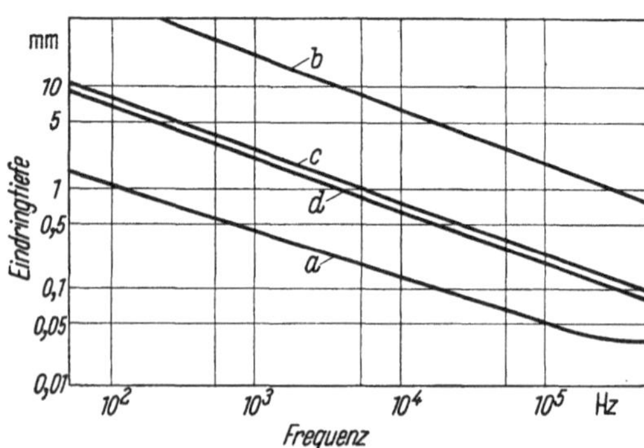

Abb. 4. Eindringtiefe elektr. Wechselströme in verschiedenen Werkstoffen
a = Stahl bei 20 °C, *b* = Stahl bei 1000 °C, *c* = Kupfer, *d* = Silber

Wenden wir dieses Prinzip für die induktive Erwärmung an, so erhalten wir eine Anordnung nach Abb. 2. Wir haben eine mehrwindige zylinderförmige Spule, legen diese an eine Wechselspannung, die entweder direkt aus dem 50-Hz-Netz, von einem Wechselstromgenerator höherer Frequenz (600 bis 10000 Hz) oder einem Röhrengenerator (100 kHz bis mehrere MHz) geliefert wird. Bringen wir in diese Spule ein zylindrisches Werkstück aus Stahl oder einem anderen Metall, so wird darin eine Spannung induziert, die im Werkstück einen Strom zur Folge hat, der dieses erwärmt. Wie schnell nun das Werkstück in dieser Anordnung erwärmt wird, hängt von der zugeführten Leistung, der Größe des Werkstückes und seinen

Materialeigenschaften sowie von der Frequenz des verwendeten Wechselstromes ab.

Durchfließt ein Wechselstrom einen Leiter, so ist sein Fluß im allgemeinen nicht gleichmäßig über den Leiterquerschnitt verteilt. In einem ebenen unendlich ausgedehnten Leiter fließt ein Wechselstrom nur in einer gewissen Oberflächenschicht, so daß wir den Begriff der Eindringtiefe einführen. Wir wollen hier nur darauf hinweisen, von welchen Faktoren diese Eindringtiefe abhängt. Von einer exakten Ableitung soll abgesehen werden. Die Formel für die Eindringtiefe eines beliebigen Wechselstromes lautet [1], [2]:

$$\delta = 50{,}3 \sqrt{\frac{\varrho}{\mu \cdot f}} \ \text{cm},$$

hierin bedeuten:

ϱ den spezifischen Widerstand des Werkstückmaterials in $\dfrac{\Omega \, \text{mm}^2}{\text{m}}$,

μ die relative magnetische Permeabilität,
f die Frequenz in Hz.

Die Formel besagt, ein Wechselstrom dringt in einen Leiter (Werkstück) um so tiefer ein, je größer sein spezifischer Widerstand, je kleiner seine relative magnetische Permeabilität und je niedriger die Frequenz ist (Abb. 3 u. 4). Für die Vermittlung des Prinzips möge dies zunächst genügen.

2.2 Frequenzwahl und Leistung

Bei Warmbehandlungsaufgaben spielen die Bedingungen, die an die Erwärmung zu stellen sind, hinsichtlich Wahl der Frequenz und Leistung eine gewisse Rolle. Die Frequenz hängt im allgemeinen von dem Verwendungszweck ab. Beim Schmieden wird man stets tiefe Frequenzen wählen, da eine Durchwärmung des Stückes gefordert wird. Diese Durchwärmung läßt sich mit tiefen Frequenzen leichter erfüllen als mit hohen, obwohl dazu eine hohe Frequenz genauso in der Lage wäre. Hier ist allein die Erwärmungszeit und die Temperaturverteilung über den Querschnitt maßgebend. Ein Werkstück, das gleichmäßig durch und durch erwärmt werden soll, wird am besten mit einer tiefen Frequenz bearbeitet, dann haben wir, wie aus der obigen Formel ersichtlich, eine hohe Eindringtiefe des Stromes, so daß die Wärmeerzeugung schon in einer gewissen Schichtdicke der Werkstücke erfolgt.

Bei hohen Frequenzen ist die Eindringtiefe des Stromes wesentlich kleiner, und es müßte daher das Stück vor allem durch Wärmeleitung durcherwärmt werden. Dies kostet aber viel Zeit und ergibt eine ungünstige Temperaturverteilung. Für Schmiedeanlagen kommen in der Hauptsache Frequenzen von etwa 600 bis 10000 Hz (Mittelfrequenz) in Frage.

Anders ist dies bei der induktiven Oberflächenhärtung und beim
Löten. Hier wählt man die Frequenz höher, z. B. 10000 Hz oder bei
Kleinteilen meistens 250 kHz bis 2,5 MHz. Heute werden aber auch
bereits Versuche gemacht, bei denen mit Frequenzen zwischen 40 und
80 kHz gearbeitet wird.

Bei der Frequenzwahl für Oberflächenhärtung spielt die Erwärmungszeit eine gewisse Rolle. Man wird bei dicken Härteschichten im allgemeinen Frequenzen zwischen 2000 und 10000 Hz benutzen. Grundsätzlich ist es möglich, mit Hochfrequenz Einhärtetiefen zwischen 0,2 und
6 mm zu erreichen. Bei Frequenzen bis 10000 Hz sind normalerweise Einhärtetiefen von 2 bis 6 mm üblich, in Ausnahmefällen solche bis 1 mm
herab.

Insbesondere beim Oberflächenhärten ist die Wahl der Frequenz oft
weniger kritisch als die der Leistung. Die erforderliche Leistung ist von
der Größe des Werkstückes bzw. von den Maßen der Härteschicht
abhängig. Man kann z. B. eine Härteschicht von 1,5 mm Dicke mit
10 000 Hz wie auch mit Hochfrequenz von 250 bis 500 kHz erreichen.
Nur ist bei 10000 Hz eine außerordentlich hohe spezifische Leistung
für diese geringe Einhärtetiefe notwendig. Bei Hochfrequenz läßt sich
eine dünne Härteschicht relativ leichter herstellen als bei Mittelfrequenz.
Im Grunde genommen lassen sich jedoch die Mittel- und Hochfrequenzanlagen in einem weiten Bereich an die gewünschten Erfordernisse
anpassen.

2.3 Induktive Erwärmungsanlagen

2.3.1 Netzfrequenzanlagen

Der Vollständigkeit halber sollen auch induktive Erwärmungsanlagen
erwähnt werden, die direkt mit Netzfrequenz arbeiten. So werden
z. B. induktive Schmelzöfen besonders einfach, da nur eine Induktionsspule zur Energieübertragung auf das Erwärmungsgut und eine Kondensatorbatterie zur Blindleistungskompensation benötigt werden.
Unter Umständen ist zur Spannungsanpassung noch ein Transformator
notwendig. Für das Schmieden wie auch für das Härten wird Netzfrequenz nur selten, z. B. zur Anwärmung von Aluminiumblockbrammen,
beim Glühen von Walzgut und zum Härten von schweren Panzerplatten,
verwendet. Auch in der chemischen Industrie werden mit Netzfrequenz
beispielsweise Autoklaven induktiv erhitzt. Mehr soll hier nicht von
Netzfrequenzanlagen zur induktiven Erwärmung die Rede sein.

2.3.2 Mittelfrequenzanlagen

Eine Mittelfrequenzanlage besteht aus einem Mittelfrequenzumformer,
nämlich einem meist einphasigen Mittelfrequenzgenerator entsprechen-

der Leistung und einem Antriebsmotor, der seine Energie im allgemeinen aus einem Drehstromnetz bezieht. Dieser Antriebsmotor kann ein Kurzschlußläufermotor oder auch ein Schleifringläufermotor sein. Außer dem Mittelfrequenzumformer sind für eine Mittelfrequenzerwärmungsanlage Kondensatoren erforderlich, die die induktive Blindleistung kompensieren. Der $\cos \varphi$ der Erwärmungsspule ist verhältnismäßig gering, wir haben einen solchen von 0,08 bis 0,3 zu erwarten. Es ist also ein hoher Blindleistungsbedarf vorhanden, der durch die Kondensatoren gedeckt werden muß. Der Mittelfrequenzgenerator selbst arbeitet meistens mit einem inneren $\cos \varphi \approx 1$. Eine Leistungsregelung ist verhältnismäßig einfach durch die Regelung der Erregung des Mittelfrequenzgenerators zu verwirklichen. Mittelfrequenzgeneratoren werden für Frequenzen von 600 bis 10000 Hz gebaut, gelegentlich für Versuchszwecke auch schon bis 20 oder 30 kHz. Bei Frequenzen über 10000 Hz steigen die Eisenverluste stark an, so daß der Wirkungsgrad der Generatoren verhältnismäßig schlecht wird. Die Kühlung derartig hochfrequenter Maschinen ist besonders schwierig, deshalb werden sie heute nur sehr selten gebaut. Um diese Schwierigkeiten zu beheben, hat man mit Erfolg versucht, 10000 Hz-Generatoren mit nachgeschalteten statischen Vervielfachern nach Art der magnetischen Verstärker zu verwenden. Mittelfrequenzgeneratoren werden für Leistungen von einigen 100 W bis zu Leistungen von 2500 kW und mehr ausgelegt. In Amerika sind mit Wasserstoff gekühlte 10000 Hz-Mittelfrequenzgeneratoren bis zu 750 kW gebaut worden.

Die Kühlung der Maschinen erfolgt mit Luft oder mit Wasser. Bei Wasserkühlung werden die Maschinen kleiner, wegen der meist verwendeten Luftrückkühlung geht dieser Vorteil oft wieder verloren, jedoch ergibt sich infolge des dabei notwendig werdenden Doppelmantels eine starke Geräuschdämpfung. Beim Mittelfrequenzumformer besteht weiter die Möglichkeit, mehrere Generatoren parallel zu schalten und zu synchronisieren. Dadurch kann man ganze Mittelfrequenznetze aufbauen, verlegen und je nach Bedarf einen oder mehrere Generatoren parallel auf dieses Netz arbeiten lassen. Bei solchen Anlagen ist es aber erforderlich, daß die Antriebsmotoren der Umformer gleiche Charakteristiken haben, so daß die Synchronisation möglich wird und das Intrittfallen nur von den Antriebsmotoren abhängig ist.

2.3.3 Hochfrequenzanlagen

Hochfrequenzanlagen werden heute meist mit Röhrengeneratoren gebaut. Ihr Frequenzbereich erstreckt sich von 40 kHz bis etwa 5 MHz. Ihre Leistungen liegen im Bereich von einigen Watt bis zu einigen 100 kW. Ihrem Aufbau nach sind solche Hochfrequenzanlagen Sender, jedoch sind sie wesentlich einfacher gebaut, als dies z. B. für einen

Rundfunksender erforderlich ist [3], [4]. Bei einem Rundfunksender wird
in der Hauptsache auf Frequenzkonstanz und Modulationsfähigkeit Wert
gelegt, vor allem auf die Fähigkeit, möglichst naturgetreu Informationen,

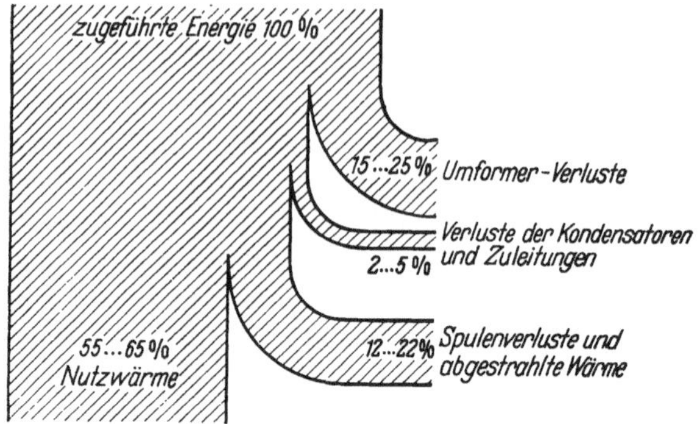

Abb. 5. SANKEY-Diagramm eines Mittelfrequenz-Umformers. Aufteilung der zugeführten Energie in Nutzwärme und Verluste bei einer Mittelfrequenzanlage

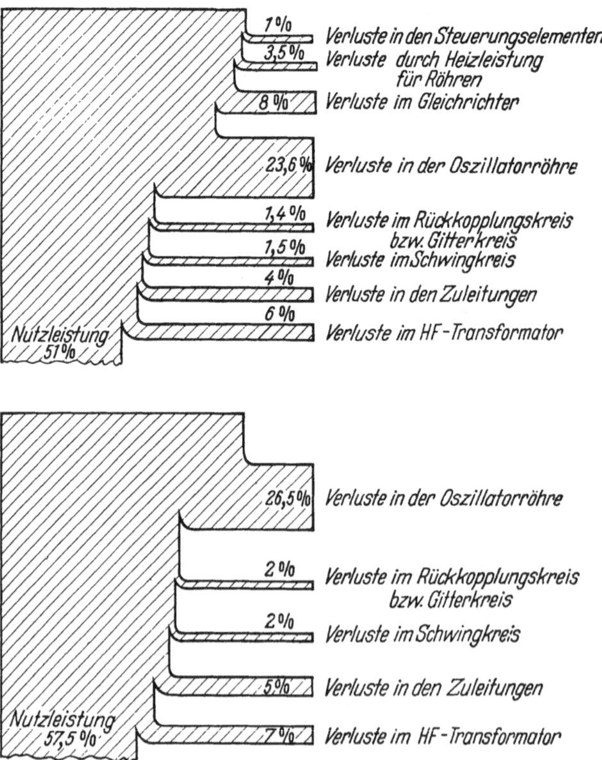

Abb. 6. SANKEY-Diagramm eines Hochfrequenz-Röhrenumformers. Hochfrequenzleistung 25 kW, $f = 500$ kHz, Netz-Wirkleistung: oben: 44 kW und unten: 38,5 kW

d. h. Sprache und Musik, wiederzugeben. Dies ist bei einem Hochfrequenzgenerator für induktive Erwärmung nicht erforderlich. Man baut diese Generatoren in ihrem Hochfrequenzteil einstufig. Die Versorgung einer solchen Hochfrequenzanlage erfolgt über Hochspannungsgleichrichter aus dem Netz. Die Leistungssteuerung erfolgt meist über den Hochspannungsgleichrichter, und zwar entweder dadurch, daß die Versorgungsspannung direkt am Netztransformator oder aber mit Hilfe einer Thyratronsteuerung im Gleichrichter eingestellt wird. Während bei einer Mittelfrequenzanlage das frequenzbestimmende Glied der Generator ist, wobei die Frequenz durch die Polpaarzahl und die Drehzahl des Generators gegeben ist, wird bei einer Hochfrequenzanlage die Frequenz durch den Aufbau des Schwingungskreises bestimmt.

2.3.4 Wirkungsgrad der Anlagen

Der Wirkungsgrad einer Mittelfrequenzanlage liegt in der Gegend von 50 bis 70%. Bei einer Hochfrequenzanlage erreicht man Wirkungsgrade, die ebenso hoch liegen. Der Gesamtwirkungsgrad vom Werkstück aus gesehen ist bei beiden Anlagenarten etwa gleich.

In den Abb. 5 und 6 sind SANKEY-Diagramme von Mittel- und Hochfrequenzanlagen dargestellt, woraus die Unterschiede in der Verteilung der Verluste der Anlagen hervorgehen.

2.4 Das Glühen, Schmieden, Schweißen und Löten

Vom elektrotechnischen Standpunkt aus sind die Prozesse Glühen, Schmieden, Schweißen und Löten verwandt, deshalb werden sie in diesem Abschnitt zusammen behandelt. Insbesondere unterscheiden sich induktives Glühen und Schmieden nur durch die Behandlungszeit. Löten ist in gewissem Sinne ein ähnlicher Erwärmungsprozeß, ebenso wie das Schweißen. Der Unterschied gegenüber dem Glühen und Schmieden liegt vor allem in den maschinellen Anlagen zur Werkstückbearbeitung. Für die Planung einer induktiven Erwärmungsanlage ist von vornherein genau nach den zu bearbeitenden Werkstücken zu fragen, außerdem nach dem Werkstoff und weiter nach dem Durchsatz. Dies ist wesentlich, da die Wirtschaftlichkeit einer Anlage von diesen Punkten abhängig ist. Rein theoretisch besteht die Möglichkeit, alle in der Industrie für Wärmeaufgaben bereitzustellenden Werkstücke induktiv zu behandeln. Dies läßt sich aber oft nur mit sehr großen Schwierigkeiten durchführen. Manche Werkstücke sind jedoch geradezu für induktive Erwärmung prädestiniert. So z. B. beim Schmieden alle Werkstücke, die aus *einer* Hitze geschlagen werden können, außer Spaltschmiedeteilen, die keinen symmetrischen Querschnitt haben.

Diese Voraussetzungen sind natürlich in hohem Maße bestimmend für die Auslegung der Anlagen, insbesondere für die Generatorleistung, wie aber auch für die Auslegung der mechanischen Vorrichtung bzw. Arbeitsmaschine.

2.4.1 Die Erwärmung zum Glühen und Schmieden

2.4.1.1 Elektrisches Prinzip der Anlage

Zum Glühen wie zum Schmieden muß ein Werkstück auf eine bestimmte Verarbeitungstemperatur gebracht werden. In beiden Fällen soll vollständig durchwärmt werden. Während für das Glühen meistens eine längere Verweilzeit bei einer bestimmten Temperatur eventuell auch ein vorgeschriebener Temperaturgang eingehalten werden muß, verlangen wir für das Schmieden eine möglichst schnelle durchgreifende Erwärmung auf eine bestimmte Temperatur, um anschließend eine Verformung des Werkstückes durchführen zu können.

Bei beiden Verfahren sind die Einrichtungen für die Werkstückerwärmung etwa gleich. Im Prinzip entsprechen sie der Abb. 2 auf S. 4. Wir brauchen dazu eine mehrwindige Spule, deren Wicklung aus Kupferrohr hergestellt ist: Kupferrohr, um die entstehende Verlustwärme mit Hilfe von Flüssigkeitskühlung abführen zu können. Diese Spule wird mechanisch stabil aufgebaut, gut abgestützt und vielfach mit hitzebeständigem Isolierstoff umkleidet oder in feuerfestes Material eingegossen. Der Querschnitt der Spule muß nicht immer kreisrund sein, sondern kann und wird den besonderen Erfordernissen der jeweiligen Aufgaben angepaßt.

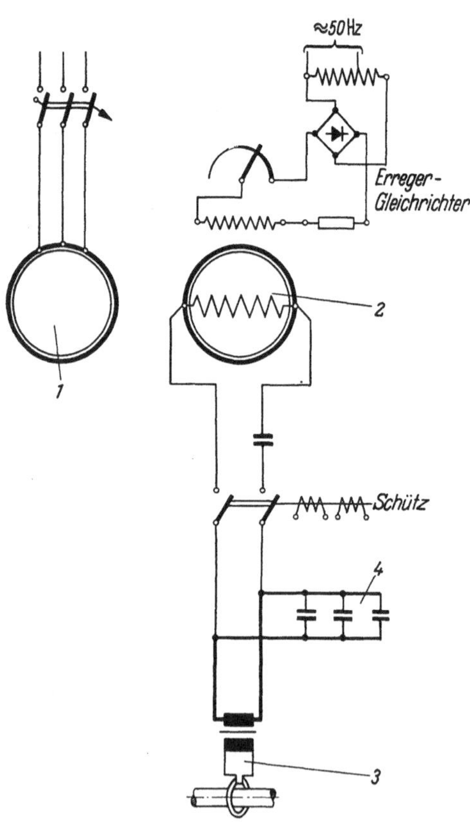

Abb. 7. Schema einer Mittelfrequenz-Glühanlage

Ihre Energie bezieht die Spule bei Glühaufgaben zum Teil direkt aus dem Netz, wie es z. B. bei der Stapelglühung von Walzgut üblich ist, oder von einem Mittelfrequenzumformer.

Nach dem Schema der Abb. 7 ist eine solche Glühanlage folgendermaßen aufgebaut: Ein Drehstrommotor (1) entsprechender Leistung wird über einen Schalter an das Versorgungsnetz gelegt und treibt einen einphasigen Mittelfrequenzgenerator (2) an. Der Mittelfrequenzgenerator braucht zu seinem Betrieb für die Erregung seines Magnetfeldes eine Gleichstrom-Erregermaschine oder einen Gleichrichter. Der Mittelfrequenzgenerator ist nun unter Zwischenschaltung von Schaltern, Schutzeinrichtungen, Reglern, und Meßgeräten mit der Erwärmungsspule, Induktionsspule oder Arbeitsspule (3) verbunden. Außerdem wird parallel zur Arbeitspule (3) eine Kondensatorbatterie (4) geschaltet. Die Kondensatorbatterie ist erforderlich, um die notwendige Blindleistung zu decken und damit die Belastung des Generators möglichst so zu gestalten, daß der Generator fast nur Wirkleistung, also tatsächlich in Wärme umsetzbare Leistung, zu liefern hat. Die Kondensatorbatterie kann in ihrer Größe und damit in ihrer Wirkung fest eingestellt oder in mehreren Stufen schaltbar sein, um sie dem Arbeitsprozeß anpassen zu können.

2.4.1.2 Grundsätzliche Arbeitsweise

Für die Zwecke der Glühbehandlung von Werkstoffen sind vielfach besondere Bedingungen bezüglich des Temperaturganges und der Behandlungszeit gestellt. Man wird die Anlage dann entsprechend den gegebenen Aufgaben bauen und kann entweder mit einer einzigen Spule oder auswechselbaren Formspulen arbeiten. Hier wird dann stationär gearbeitet, d. h., das Werkstück wird in die Spule eingebracht, mit Temperaturfühlern wird die Temperatur gemessen und die Temperatur oder, was das gleiche bedeutet, die Glühzeit nach einem an einem Programmregler einstellbaren Programm automatisch geregelt. Wird aber nur die Glühzeit eingestellt, so muß vorher an Hand von Versuchen Temperatur und Temperaturverteilung im Werkstück festgestellt werden.

Eine andere Arbeitsweise ist die „Durchlaufglühung". Man benötigt hierzu Transportvorrichtungen, die mit meist kontinuierlicher Geschwindigkeit das Werkstück durch die Arbeitsspule bzw. durch mehrere aufeinander abgestimmte Spulen transportieren. Nach dem Glühvorgang kann, falls erforderlich, eine Kühlvorrichtung folgen. Die Anlage kann so gebaut sein, daß der Glühprozeß in einer Schutzgasatmosphäre abläuft. Bei kontinuierlichen Verfahren sind auch Kombinationen von öl- oder gasbeheizten Öfen und induktiven Erwärmungseinrichtungen grundsätzlich möglich und technisch durchführbar. Diese Methode hat oft gewisse wirtschaftliche Vorteile [5].

Bei der induktiven Schmiedeerwärmung ist eine Anlage nach dem Schema Abb. 7 erforderlich. Oft wird nur mit e i n e r Arbeitsspule gearbeitet und diese dem Verfahren wie auch dem Werkstück angepaßt. Daraus geht schon hervor, daß es sich dabei um ein Massenproduktionsmittel handelt. Die Arbeitsspulen sind für die Schmiedeerwärmung in Arbeitsvorrichtungen eingebaut, welche mechanische Fördereinrichtungen für die zu verarbeitenden Werkstücke, außerdem Kondensatoren zur Blindleistungskompensation und Zeitschaltwerke zur Einstellung des Arbeitstaktes und der Erwärmungszeit enthalten. Die Anlagen müssen grundsätzlich nach dem Takt der Verformungsmaschine ausgelegt werden. Durch eine genaue Abstimmung zwischen Erwärmungseinrichtung und Schmiedemaschine kann ein Höchstmaß an Arbeitsleistung und Wirtschaftlichkeit erzielt werden. Man muß aber beachten, daß die Menschen, die mit derartigen Anlagen arbeiten, dem Tempo gewachsen sein müssen, also muß das Tempo so gewählt werden, daß der Bedienende nicht überfordert wird. Ein anderer Gesichtspunkt ist hier ebenfalls schon augenfällig: Bei einer solchen Schmiedeerwärmungsanlage kann ein Werkstück nie zu lange geglüht werden, denn es liegt nicht im Ermessen des Schmiedes, welches Stück er zuerst nimmt, da die Erwärmungsmaschine oder -vorrichtung ihm stets nur *ein Stück* mit der richtigen Verarbeitungstemperatur anbietet.

Außer diesen eben prinzipiell angedeuteten Einrichtungen, die für eine Folge von Werkstücken gedacht sind, können auch kontinuierliche Anlagen, z. B. für das Schmieden von der Stange, gebaut werden. Das zu verschmiedende Stangenmaterial läuft durch eine Arbeitsspule und daran anschließend direkt in eine Schmiedepresse, die fortlaufend von der glühenden Stange abschmiedet. Auch sind Anlagen möglich, die es gestatten, Zwischenglühungen vorzunehmen, wenn eine „Hitze" zur Abwicklung des Arbeitsprozesses nicht ausreicht. Hier sind dann mehrere Arbeitsspulen erforderlich, die z. B. von einem großen Generator oder einer Gruppe parallelarbeitender Generatoren gespeist werden.

Die Leistung, die für Glüh- und Schmiedeaufgaben erforderlich ist, hängt naturgemäß von der Größe der Werkstücke ab. Ferner muß zum Schmieden relativ mehr Leistung bereitgestellt werden als zum Glühen, da für das Schmieden weniger Zeit zur Verfügung steht.

2.4.2 Die Arbeitsprobleme beim Schmieden

Zur Durchführung eines Schmiedevorganges ist es notwendig, den Rohling auf Schmiedetemperatur (850° bis 1200° C) zu erwärmen. Der Rohling selbst muß, um gut schmiedbar zu sein, durch und durch möglichst gleichmäßig erwärmt werden. Die Verarbeitung eines derartigen Rohlings geschieht nun entweder nach dem sogenannten Freiformschmieden, oder der Rohling wird in eine Schmiedemaschine eingebracht und in ein Gesenk geschlagen.

Für die Erwärmung des Rohlings in konventionellen Öfen, in denen ein gewisser Vorrat erwärmt und dann mehr oder weniger kontinuierlich von dem Schmied entnommen wird, kann durchaus der Fall eintreten, daß Schmiederohlinge im Ofen vergessen werden und zu lange in der Ofenatmosphäre verbleiben. Hierbei treten Gefügeänderungen ein, die nicht mehr ohne weiteres rückgängig gemacht werden können. Das endgültige Schmiedestück hat dann im Gefügeaufbau Fehler. Deswegen hat man sich auch bemüht, die konventionellen Öfen als Durchlauföfen auszubilden, so daß immer nur ein Stück zu einem bestimmten Zeitpunkt aus der Ofenatmosphäre ausgestoßen wird.

Die induktive Erwärmung gestattet nun, sogenannte Stoß- oder Durchlauföfen zu bauen, bei denen ein erheblich größerer Durchsatz als bei konventionellen Verfahren möglich ist. Insbesondere werden die induktiven Erwärmungsöfen räumlich kleiner als konventionelle Durchlauföfen, die ebenso wie die induktiven Erwärmungsanlagen neben der Schmiedemaschine oder Schmiedepresse installiert sein müssen. Abgesehen von dem Raumbedarf eines öl- oder gasbeheizten Ofens sind im Gegensatz zur induktiven Erwärmung auch die Belästigungen durch die Wärmeabstrahlung nicht unberücksichtigt zu lassen. Die erforderliche Leistung eines induktiven Ofens bzw. einer induktiven Schmiedeerwärmungsanlage ist vom Durchsatz und von der Größe der zu erwärmenden Rohlinge abhängig.

In Abb. 8 ist der Aufbau einer derartigen Schmiedeerwärmungsanlage schematisch dargestellt. Die zu bearbeitenden Schmiederohlinge (Knüppel) (a) kommen von einem Lager, werden in einem Magazin (b), das den Ofen beschickt, gestapelt und durchlaufen von da aus die Induktions-

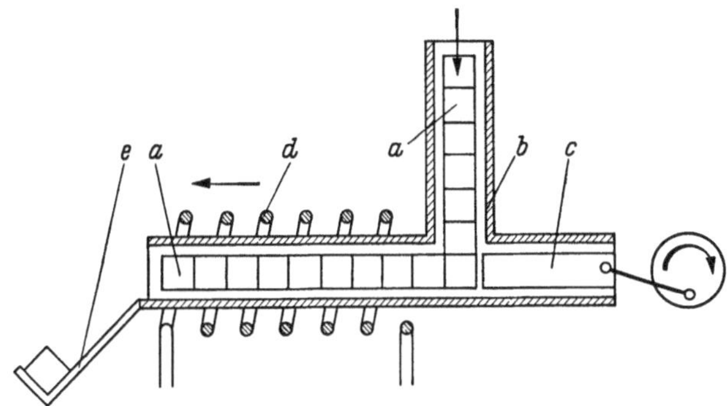

Abb. 8. Magazin-Zuführung für Vollerwärmung und stoßweisen Betrieb
a = Werkstück, b = Magazin, c = Stößel, d = Induktions- oder Arbeitsspule, e = Rutsche und Auffänger für erwärmte Knüppel

spule (d) in einem gewissen vorgeschriebenen zeitlichen Rhythmus. Dieser Zeitrhythmus und die Leistung sind so aufeinander abgestimmt, daß immer nach vorbestimmten Zeitintervallen Rohlinge am Ausgang der Induktionserwärmungsanlage erscheinen und dort von dem Schmied zur Weiterverarbeitung abgenommen werden können. An den Schmiedegang selbst schließt sich das Entgraten an und die Stücke gehen auf einem Förderband zu den weiterverarbeitenden Stellen. Mitunter werden die Stücke nach dem Entgraten zunächst in ihrer eigenen Hitze gestapelt, so daß eine gewisse Gefügeumwandlung stattfinden kann.

In Abb. 9 ist als weiteres Beispiel eine Durchlaufschmiedeerhitzungsanlage dargestellt. Mit Hilfe einer derartigen Anlage sollen von der Stange die benötigten Teile in einer Schmiedemaschine abgeschmiedet werden.

Abb. 9. Mittelfrequenz-Anlage für das kontinuierliche Abschmieden von Kugellagerringen mit zwei Arbeitsspulen, die rechte ist zum Vorwärmen. (Werkbild AEG-Elotherm)

Man hat hier den üblichen gas- oder ölbefeuerten Schmiedeerwärmungsofen durch eine Induktionserwärmungsspule ersetzt. Durch diese Spule werden die zu verarbeitenden Stangen durchgeschoben, innerhalb der Spule auf Schmiedetemperatur gebracht und dann in einer Schmiedepresse entweder in einem Arbeitsgang oder in Etagenschmiedepressen in mehreren Arbeitsgängen zu den endgültigen gewünschten Stücken geformt. Der Vorteil einer derartigen Anlage ist, daß das ungünstige lange Vorwärmen der Stangen im Ofen entfällt, und daß keine Hitzebelästigung der Schmiede auftritt. Weiter kann das Arbeitstempo ganz wesentlich gegenüber der Ofenerwärmung erhöht werden, ohne das Bedienungspersonal in irgendeiner Form zu überanstrengen. Es fallen die unvermeidlichen Pausen des Stangenwechsels im Ofen weg und schon allein dadurch ist eine höhere Stückzahl gegeben. Außerdem kann ein gleichmäßiger Temperaturverlauf gewährleistet werden, da infolge des Vorschubes das Material in der Spule immer auf dieselbe Temperatur gebracht wird. Dies ist im Ofen in keinem Fall gewährleistet, auch versuchen die Schmiede immer wieder, Stangen bei zu niedrigen Temperaturen noch zu schmieden. Bei der Induktionserwärmung kann bzw. muß sogar bei einer Verarbeitung in einer Etagenpresse die Stange immer wieder in die Spule zurückgeholt werden, so daß eine Aufwärmung bei jedem Etagenwechsel in gewissem Maße erfolgt. Dadurch ist es möglich, die Temperatur an dem zu schmiedenden Stangenende gleichmäßig zu halten.

Weiterhin kann bei induktiver Schmiedeerwärmung die Schmiedetemperatur stets etwas höher gewählt werden, als dies üblicherweise der Fall ist, und man erzielt dadurch bei den Pressen einen gewissen Kraftgewinn bzw. Schonung der Gesenke. Ein weiterer Vorteil ist die außerordentlich geringe Zunderbildung, die bei der Induktionserwärmung auftritt, was ebenfalls zur Schonung der Gesenke beiträgt. Hinsichtlich des Energiebedarfes, der bei der induktiven Schmiedeerwärmung erforderlich ist, kann man eine Richtzahl von etwa 450 kWh/t zu schmiedenden Materials angeben [6], [7]. Ferner kann der Arbeitsablauf durch Kontrolle der elektrischen Energieabgabe überwacht werden. Die Wirtschaftlichkeit einer induktiven Schmiedeerwärmungsanlage ist wesentlich höher als bei einer Ofenerwärmungsanlage. Trotz allem kann hinsichtlich der Energiekosten eine Induktionserwärmungsanlage nicht sehr viel mehr Vorteile bringen als eine Ofenanlage. Die Vorteile durch den kontinuierlichen Arbeitsfluß bringen mehr Ersparnisse als z. B. Einsparungen auf der Energieseite.

Wir haben nun einige Beispiele gebracht, die das Schmieden von Stahl behandeln. Es gibt aber auch Möglichkeiten, Nichteisenmetalle mit induktiver Vorwärmung zu schmieden. Insbesondere sind hier Fälle zu nennen, bei denen für die Armaturenindustrie Messingteile geschmiedet werden. Vor allem werden in der nichteisenverarbeitenden Industrie und besonders in der Kabelindustrie Nichteisenmetalle induktiv vorgewärmt, z. B. um Kabel mit Aluminium zu umpressen. Man geht hier in der Art vor, daß Platinen oder Ronden aus Aluminium vorgewärmt werden. Diese bringt man stapelweise in eine Induktionsspule und läßt, je nach Bedarf, in einem gewissen Zeitabstand die vorgewärmten Teile aus der Spule austreten und bringt sie in teigigem Zustand in die Presse.

2.4.3 Das induktive Schweißen

Das induktive Schweißen ist ein Spezialverfahren, das sich im allgemeinen, ebenso wie die konventionellen Schweißverfahren, an die Verarbeitung der Werkstücke anpassen läßt. Dies bedeutet zwar nicht, daß die bisherigen Verfahren ohne weiteres gegen das induktive Schweißen auszutauschen sind, vielmehr sind die Anwendungsfälle beim induktiven Schweißen begrenzt. Bei großen immer wiederkehrenden Teilen sind,

z. B. beim Stumpfschweißen, in beiden Fällen, d. h. induktiv wie auch konventionell, große maschinelle Anlagen notwendig, vor allem um einen ausreichenden Stauchdruck aufbringen zu können. Um eine Stauchschweißung durchzuführen, ist bisher zur Stauchpresse ein Schweißtransformator mit der notwendigen Ein- und Ausschaltsteuerung zur Erwärmung notwendig. Dieses Verfahren hat aber den Nachteil, daß beim Erzeugen der Schweißtemperatur im Verlauf der Anwärmperiode, solange das Werkstück noch kalt ist, sehr hohe Stromstöße auftreten. Hier kann man mit Hilfe einer induktiven Vorwärmung Abhilfe schaffen und dann erst in der letzten Erwärmungsphase mit den üblichen Einrichtungen weiterarbeiten, wobei auch das notwendige Abbrennen der Werkstückstirnflächen durchgeführt wird. Eine zusätzliche Weiterbehandlung mit Mittel- oder Hochfrequenz sorgt für eine einwandfreie Entzunderung der vorgewärmten Schweißstellen. Man hat bei dieser gemischten Schweißung z. B. von Eisenbahnschienen hohe Werte der Dauerfestigkeit der Schweißnaht erzielt. Außerdem besteht die Möglichkeit, im Anschluß an die Schweißung gleich auf induktivem Wege eine Glühung der Schweißnaht vorzunehmen.

In neuerer Zeit wurde die induktive Rohrschweißung eingeführt. Es handelt sich hierbei um eine Preßschweißung mit den eben geschilderten Vorteilen. Abb. 10 zeigt den schematischen Aufbau einer derartigen Anlage. Vorgerichtete Blechplatinen werden zu endlosen Bändern nach einem der üblichen Verfahren zusammengeschweißt, laufen dann durch ein Walzwerk und werden in diesem zu Rohren mit offener Naht eingeformt. Man erhitzt darauf die Nahtränder induktiv bis nahe an den Schmelzpunkt des Materials und preßt in einem Rollengang die induktiv erhitzten Ränder ineinander. Derartig geschweißte Rohre haben sehr gute Eigenschaften. Der wirtschaftliche Vorteil des induktiven Schweißens liegt vor allem in einer hohen Produktionsgeschwindigkeit, wobei noch zu berücksichtigen ist, daß ungebeizte Blechbänder verwendet werden können. In Abb. 11 ist eine derartige Rohrschweißanlage dargestellt [8].

Bei der Herstellung induktiv geschweißter Rohre gibt es noch eine Reihe von Möglichkeiten, die Induktionserwärmung einzusetzen, z. B. beim Zerschneiden der Rohre: In einem gewissen Abstand hinter der Schweißerwärmungsstelle liegt eine weitere induktive Erwärmungsstelle, die auf dem Rohr nach einer bestimmten Durchlauflänge eine eng begrenzte ringförmige Glühzone erzeugt. An dieser Glühzone wird das Rohr mechanisch abgerissen, und zwar in einem so regelmäßigen Takt, daß gleichmäßige Rohrabschnitte entstehen. Dadurch werden Rohrtrennsägen eingespart.

Die induktiv geschweißten Rohre werden nun in einem Streckreduzierwalzwerk weiterbehandelt. Hierzu sind aber Zwischenglühungen erforderlich, so daß einerseits ein für das Ziehen geeignetes Gefüge im

Rohrmaterial entsteht, andererseits die erforderliche Temperatur beim Streckreduzieren vorhanden ist. Die Rohre durchlaufen einen öl- oder gasbeheizten Glühofen, in dem sie auf eine Temperatur von etwa 750° C

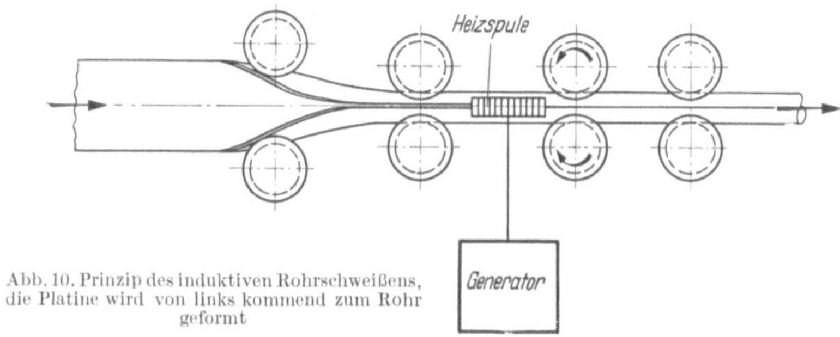

Abb. 10. Prinzip des induktiven Rohrschweißens, die Platine wird von links kommend zum Rohr geformt

Abb. 11. Anlage zum induktiven Rohrschweißen

erwärmt werden. Danach läßt man die Rohre durch eine induktionsbeheizte Strecke laufen und erwärmt weiter auf etwa 900° C (Abb. 12). Diese Kombination von öl- oder gasbeheizten Öfen mit einem induktiv beheizten Ofen hat den Vorteil einer geringeren Baulänge als ein die ganze Strecke einnehmender gas- oder ölbeheizter Ofen. Außerdem sind die Wartungskosten des gasbeheizten Ofens wegen der niedrigeren Temperatur erheblich geringer.

In gleicher Weise wie Stahlrohre können auch Aluminiumrohre geschweißt werden. Man verwendet hier nur eine andere Frequenz, bei Stahlrohren im allgemeinen 2000 bis 10000 Hz, bei Aluminiumrohren wesentlich höhere Frequenzen, nämlich 500 kHz bis etwa 30 MHz.

Abb. 12. Nachwärmen von Rohren zum anschließenden Streckreduzieren (AEG-Elotherm)

Abb. 13. Induktives Glühen einer Rundnaht zwischen zwei Behälterschüssen von etwa 3000 mm Durchmesser (AEG-Elotherm)

2.4.4 Induktives Spannungsfreiglühen

Das Spannungsfreiglühen von Schweißnähten an Kesseln und großen Rohrleitungen hat eine besondere Bedeutung erlangt. Mit fahrbaren

Mittelfrequenzaggregaten ist es verhältnismäßig einfach, auf Baustellen Spannungsfreiglühungen vorzunehmen. Um die dort geschweißten Teile werden flexible Leitungen gelegt, durch die dann entsprechend hohe mittelfrequente Ströme geschickt werden. Die zu glühenden Teile selbst werden mit Wärmeisolierungen abgedeckt. Die stromführenden Leitungen sind mit Asbest isoliert. Die Schweißnähte selbst werden auf Temperaturen von etwa 500° bis 680° C erwärmt. Diese Spannungsfreiglühungen sind erforderlich, um bei hoch beanspruchten Bauteilen das Gefüge in der Schweißnaht wie auch an ihren Rändern zu egalisieren sowie die mechanischen Spannungen zu beseitigen und die Kerbschlagzähigkeit des Materials zu verbessern. Abb. 13 zeigt eine derartige Anlage.

2.4.5 Das induktive Löten

Im Gegensatz zum Glühen und Schmieden haben wir beim Löten irgendwelcher Werkstücke, sei es Weich- oder Hartlöten, immer nur die Zone um die Lötstelle zu erwärmen und auf die Fließtemperatur des Lotes zu bringen. Meist hat eine Lötstelle nur eine geringe räumliche Ausdehnung, oft ist auch nur eine Linie zu erwärmen. Die hierzu notwendigen Arbeitsspulen müssen genau an die Lötnaht und das Werkstück angepaßt werden und haben im Gegensatz zu den bisher beschriebenen Erwärmungsvorrichtungen nur eine oder zwei Windungen. Diese Arbeitsspulen brauchen im allgemeinen zum Zwecke der elektrischen Anpassung an den Mittel- oder Hochfrequenzgenerator einen zwischengeschalteten Transformator. Eine solche Anordnung ist schematisch

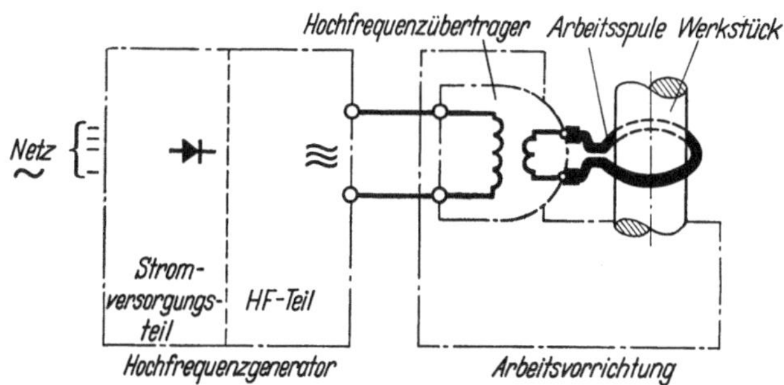

Abb. 14. Prinzip einer Induktions-Hochfrequenz-Erwärmungsanlage

in Abb. 14 gezeigt. Der Mittelfrequenz- oder Hochfrequenzgenerator ist mit der Primärseite des Transformators verbunden, parallel zu der Primärwicklung liegen Kondensatoren zur Blindleistungskompensation, an der Sekundärseite ist die Arbeitsspule angeschlossen und in diese wird das zu lötende Werkstück eingeführt. Diese Anordnung, Generator → Kondensatorbatterie → Transformator → Arbeitsspule, wird sehr oft verwendet, sei es zum Löten, Schweißen oder Härten. Hat

Tabelle 1. Weichlote nach DIN 1707

Bezeichnung		Zusammensetzung					Arbeitstemperatur mind. °C	Lötspalt Optimaler Wert in mm	Flußmittel
		Sn	Sb	Fe	Cu + As + Ni	Pb			
Bleilot 98,5	LPb 98,5					98,5	320	0,1···0,2	Lötwasser
Zinnlot 40	LSn 40	40	2,70	0,08	0,16	Rest	223	0,10···0,15	Lötwasser oder Kolophonium
Zinnlot 50	LSn 50	50	3,30	0,09	0,18	Rest	200		
Zinnlot 60	LSn 60	60	3,20	0,10	0,20	Rest	185		

man eine linienförmige Zone zu erwärmen, und vor allem schnell zu erwärmen, benötigt man eine kleine Spannung und einen großen Strom. Vor allem muß die Arbeitsspule räumlich nahe an der Lötstelle angeordnet werden, so daß die beiden miteinander zu verlötenden Teile gleichmäßig durchwärmen und das Lötmittel zum Schmelzen kommt. Das Lötmittel dringt dann in den Spalt zwischen den beiden Werkstücken ein, vorausgesetzt, daß dieser Spalt so klein ist, daß Kapillarwirkungen auftreten können. Als Lötmittel kommen die üblichen Weich- und Hartlote zur Anwendung.

2.4.5.1 Das induktive Weichlöten

Für das induktive Weichlöten werden im allgemeinen die üblichen Zinnlote verwendet, wie sie aus der normalen Löttechnik bekannt sind. In der Tab. 1 ist die Zusammensetzung und die Löttemperatur für einige der üblichen Lote angegeben. Der normale Lötvorgang wird folgendermaßen durchgeführt: Die zu lötenden Teile werden zusammengefügt, und zwar so, daß sie ihre endgültige Lage einnehmen. Ferner müssen die zu verlötenden Nähte sauber sein und vor allem auf ihrer Oberfläche keine Oxyde aufweisen. Weiter werden die Nähte vielfach mit Lötwasser oder mit Kolophonium bestrichen. Diese Mittel haben den Zweck, Oxydationsprodukte aus der Lötnaht fernzuhalten und sie an die Oberfläche bzw. nach außen zu schwemmen. Mit einem Lötkolben, der eine Temperatur von etwa 300° C hat, wird nun mit Hilfe von Zinnlot die Lötnaht durchfahren, wobei das Zinn schmilzt und sich an das zu lötende Metall anlagert. Nach der Abkühlung hat man dann eine feste Lötverbindung. Diese Lötverbindung kann aber nur dauerhaft sein, wenn Korrosion ausgeschlossen wird und wenn mit genügender Wärme gelötet wurde. Das Lot soll sicher fließen und darf auf keinen Fall nur teigig sein, denn von dem einwandfreien Fließen des Lotes ist die richtige Bindung zwischen dem zu verlötenden Metall und dem Lot abhängig. Daraus resultiert dann auch die erforderliche Festigkeit der Lötnaht. Korrosion wird verhindert, indem das gelötete Stück nach dem Löten einwandfrei gesäubert wird oder dadurch, daß man von vornherein säurefreie Lötmittel bzw. Flußmittel verwendet.

Bei den konventionellen Lötvorgängen wird im allgemeinen mehr Lot als unbedingt notwendig verbraucht.

Wenn wir eine Lötnaht induktiv erwärmen, so bedeutet dies, daß nicht nur eine der Naht angepaßte Arbeitsspule erforderlich ist, sondern sie muß außerdem auch die elektrischen Bedingungen des Stromflusses erfüllen.

Diese Arbeitsspulen werden aus Kupferrohr hergestellt, welches wegen der hohen Ströme mit Wasser gekühlt werden muß. Die für den induktiven Lötvorgang erforderliche Energie wird über die Arbeitsspule auf das Werkstück transformiert. Der Strom fließt im Werkstück entlang der Lötstelle und erhitzt diese schnell auf Löttemperatur. Das verwendete Weichlot muß bereits vorher in der Lötfuge vorhanden sein oder kann in Form eines dünnen Lötdrahtes kontinuierlich zugeführt werden. Die Lötstelle muß metallisch blank sein und darf keine die Lötnaht verhindernden Überzüge aufweisen. Ist das Lötmittel bereits im festen Zustand in der Lötnaht oder einer Lötfuge vorhanden, so muß durch Auftragen eines Flußmittels dafür gesorgt werden, daß das Lot bei dem Erwärmungsvorgang auch richtig fließen kann und die entstehenden Oxyde aus der Lötnaht herausgeschwemmt werden. Beim Zuführen des Lotes mit Hilfe eines Lötdrahtes kann das Flußmittel in dem Lötdraht eingebettet sein.

Das induktive Löten hat den Vorteil, daß die Lötstelle selbst während des Lötvorganges nicht mit einem Werkzeug in Berührung kommt und vor allem wird nur eine Lotmenge benötigt, die gerade ausreicht, um die Lötfuge zu füllen. Das Verfahren ist daher außerordentlich sparsam.

2.4.5.1.1 Anwendungsgebiete

Weichlötungen werden in der feinmechanischen Industrie ziemlich häufig durchgeführt, vor allem auch in der Konservenindustrie. Hier kommt es darauf an, möglichst viele Konservenbüchsen luftdicht zuzulöten. Man benötigt Lötmaschinen, die gleichzeitig als Förderbandmaschinen ausgebildet sind. Den Konservenbüchsen wird an der vorbereiteten Lötnaht Lötmittel zugeführt und sie laufen hintereinander durch eine Arbeitsspule, die mehrere Konservenbüchsen aufnehmen kann. Am besten ist es, die Konservenbüchsen beim Durchlaufen der

Arbeitsspule zu drehen. In ähnlicher Weise können auch Becher für Kondensatoren gelötet werden.

In Abb. 15a sind verschiedene Teile gezeigt und die Lötnähte bezeichnet. Abb. 15b zeigt einen dafür bestimmten Arbeitsplatz. Die Lötung

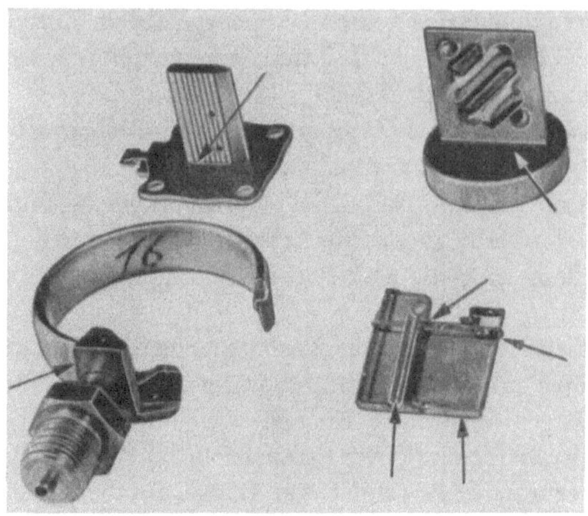

Abb. 15a. Beispiele von Hart- und Weichlötungen. Die Lötnähte sind durch Pfeile gekennzeichnet

Abb. 15b. Mit Hochfrequenz gelötete Kleinteile mit Arbeitsspule und Transformator. Löten eines Anschlusses von Hochleistungssicherungen

wird so durchgeführt, daß zunächst der Lötdraht eingelegt, das Teil in die Arbeitsspule gebracht und dann mit Hochfrequenzenergie von etwa 2 kW bei einer Frequenz von ca. 500 kHz erwärmt wird. Die Erwärmungszeit beträgt 2 Sekunden, die nachfolgende Abkühlungszeit etwa 8 Sekunden, worauf das Teil der Vorrichtung entnommen und direkt der Weiterverarbeitung zugeführt werden kann. In Abb. 16 ist ein induktiv gelötetes Feuerzeug gezeigt.

Bei der Herstellung von Kondensatoren mit keramischem Schutzrohr werden die aus verzinntem Eisenblech gefertigten Abschlußkappen induktiv aufgelötet. Die Keramikrohre, in die die Kondensatorwickel

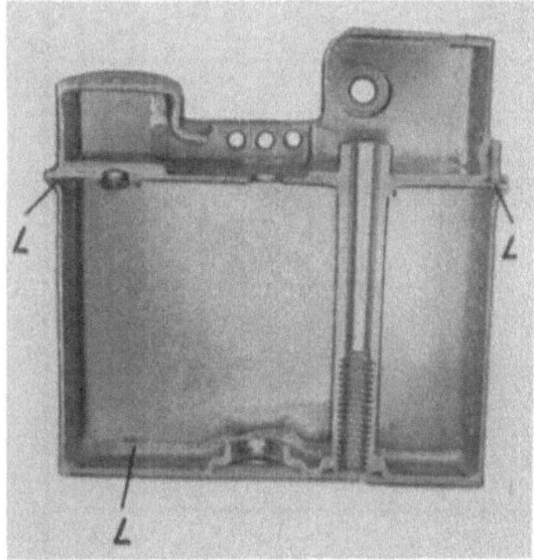 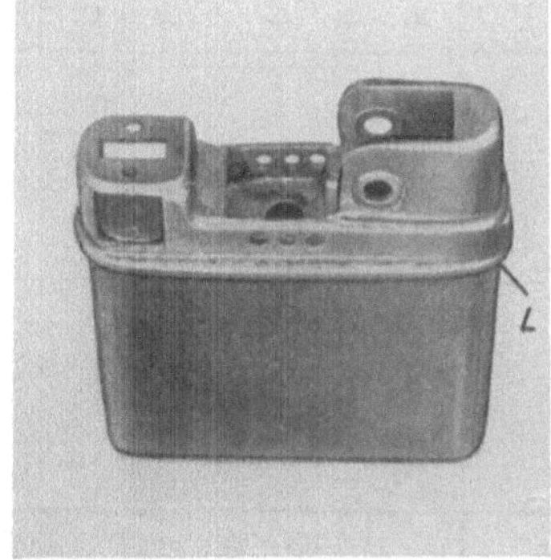

Abb. 16. Feuerzeug mit Hochfrequenz gelötet (Weichlötung), links im Schnitt, rechts Gesamtansicht des Rohteiles

Abb. 17. Induktives Weichlöten der Anschlußkappen an Keramikrohrkondensatoren

eingebettet sind, haben am Rande eingebrannte Metallisierungen, über die die Kappen geschoben werden. Vor der induktiven Erwärmung wird das Lötmittel als Ring über das Keramikrohr geschoben, so daß es auf den Abschlußkappen aufliegt und bei der nachfolgenden Erwärmung völlig

Tabelle 2. Bezeichnungen, Analysen, Schmelzpunkte und Festigkeiten gebräuchlicher Lotmetalle

Bezeichnung		Zusammensetzung	Schmelz-temperatur °C	Zugfestigkeit kg/cm²	Verwendet für Lötung von
Silberlot	8 LAg 8	7–9% Ag, 55% Cu, 36–38% Zn	860	—	Fe, Cu
	12 LAg 12	11–13% Ag, 52% Cu, 35–37% Zn	830	—	Fe, Cu
	15 LAg 15	14–16% Ag, 8–12% Cd, 49% Cu, 23–29% Zn	770	—	Fe, Cu
	20 LAg 20	19–21% Ag, 13–17% Cd, 43% Cu, 19–25% Zn	750	—	Fe, Cu
	25 LAg 25	24–26% Ag, 43% Cu, 31–33% Zn	780	—	Fe, Cu
	44 LAg 44	43–45% Ag, 32% Cu, 23–25% Zn	730	—	Fe, Cu
Tiefpunktlegierung	1	nicht angegeben	750	5135	GG, Fe, Bz, Cu, Ms
	2		580	6800	GG, Fe, Bz, Cu, Ms
	3		496	3500	Fe, Ni, Cu, Ag, Au, Ms, Bz
	4		421	2500	Al
	5		740	3500	GG
	6		690	8935	Fe, Weichguß
Cu-Schweißdraht	S Cu	98% Cu, Ag + Mn + Ni + P = 2%	1070	—	Cu
Zinn-Bronze-Schweißdraht	SSn Bz 6	92–95% Cu, 5–7% Sn, 0,5% P	1030	—	Bz, Fe, GG
Rotguß-Schweißdraht	SRg	85–88% Cu, 4–5% Sn, 6–7% Zn, Mn + Si + P = 1%	950	—	Rg
Messinglot 54	LMs 54	53–55% Cu, 44–47% Zn, 0,2–0,4% Si	890	—	Cu, Fe, GG
Messinglot 42	LMs 42	41–43% Cu, 56–59% Zn	845	—	Ni, Cu
Silbermessinglot	LMs Ag	50% Cu, 40–45% Zn, 4–6% Ag, Si + P = 0,5%	810	—	Fe, GT

Al = Aluminium, Ni = Nickel, Cu = Kupfer, Fe = Eisen, Au = Gold, Ag = Silber, GG = Grauguß, GT = Temperguß, Rg = Rotguß, Bz = Bronze, Ms = Messing gleichmäßig schmilzt. Man erhält hierdurch eine hohe Qualität der Lötnaht. Eine weitere Voraussetzung ist aber auch, daß der Innendurchmesser zu dem Außendurchmesser des Keramikrohres richtig gewählt wird, um einen Lötspalt von etwa 0,2 bis 0,3 mm zu erhalten. In Abb. 17 ist ein Ausschnitt aus einer derartigen Anlage zum induktiven Weichlöten gezeigt.

Durch die genannten Beispiele ist das Anwendungsgebiet der induktiven Weichlötung bei weitem nicht abgegrenzt, denn man kann das induktive Weichlöten mit all seinen Vorteilen im Maschinenbau wie auch in der Fahrzeugindustrie, ferner ganz besonders bei der Herstellung optischer Geräte und in der Feinwerktechnik (Büromaschinen) anwenden.

2.4.5.2 *Das induktive Hartlöten*

Das Hartlöten unterscheidet sich gegenüber dem Weichlöten vor allem durch die Anwendung anderer Lote, die erst bei wesentlich höheren Temperaturen, nämlich zwischen 600° und 1100° C fließen. An Hartloten steht eine Reihe verschiedener Legierungen zur Verfügung. Es sind dies Messing- oder Kupferlote und besonders Silberlote, die je nach Zusammensetzung verschiedene Flußmittel benötigen. In Tab. 2 ist eine Auswahl derartiger Lote zusammengestellt.

Die Lote werden in Form von Ringen oder Folien an die Lötnaht gebracht bzw. zwischen die zu verlötenden Teile gelegt, evtl. können sie auch innerhalb der Lötfugen in besonderen Taschen angeordnet werden.

Die Flußmittel haben die Eigenschaft, die Oberfläche der zu verlötenden Teile gründlich zu reinigen und eine Oxydation bei der Erwärmung zu verhindern. Trotzdem ist aber darauf zu achten, daß die zu verlötenden Flächen der Werkstücke sauber sind und keine verzunderten Schichten aufweisen.

Bei der Hartlötung ist es für eine einwandfreie Lötnaht erforderlich, daß der Lötspalt richtig dimensioniert wird (max. 0,1 mm). Die Toleranzen für den Lötspalt sollen etwa so gewählt werden, wie sie für einen englaufenden Schiebesitz notwendig sind [7], [9], [10]. Ganz allgemein ist bei Hartlötungen besonders darauf zu achten, daß der Arbeitsgang wirtschaftlich wird. Genaue Wirtschaftlichkeitsbetrachtungen sind also unbedingt erforderlich, denn es kann u. U. sein, daß die Nebenzeiten bei der induktiven Hartlötung zu groß werden und eine Lötung nach einem konventionellen Verfahren, z. B. mit einem Brenner, billiger wird und schneller vonstatten geht. Es möge aber betont werden, daß dies Ausnahmefälle sind.

2.4.5.2.1 Anwendungsgebiete

In der Fahrzeugindustrie wurden Hartlötungen zuerst an einem ziemlich schwierigen Problem, nämlich der Lötung von Fahrradrahmen,

3 Kegel, Warmbehandlung

durchgeführt. An einem Fahrradrahmen sind im allgemeinen 3 Lötungen möglichst gleichzeitig durchzuführen, nämlich die Gabelhalterung, die Lenkerhalterung und das Haupttretlager sowie gelegentlich auch noch Lötungen am Sattelstützrohr. Man hat hierzu Anlagen gebaut, wie sie in Abb. 18 näher erläutert sind. Die Rahmen werden vorgerichtet, mit Löt-

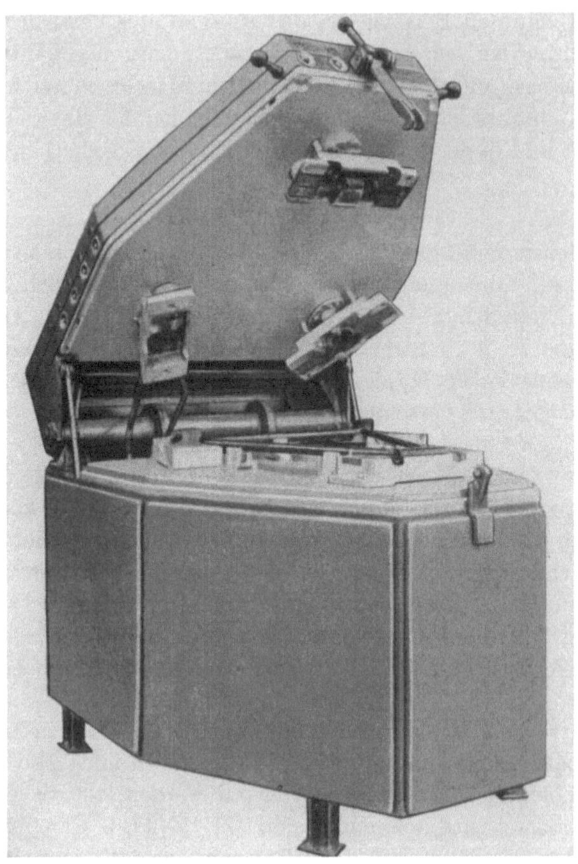

Abb. 18. Anlage zum induktiven Hartlöten von Fahrradrahmen mit Mittelfrequenz (AEG-Elotherm)

mittel versehen und zusammengesteckt in eine klappbare Vorrichtung eingebracht. Die Vorrichtung enthält geteilte Arbeitsspulen. Beim Schließen der Vorrichtung wird der Fahrradrahmen unter Druck gehaltert und die Arbeitsspulen elektrisch miteinander und untereinander verbunden. Die Lötung wird dann mit Mittelfrequenz 5000 Hz in etwa einer halben bis einer Minute durchgeführt. Es ist zweckmäßig, in die Vorrichtung an den Lötstellen Schutzgas einzuführen, um eine Oxydation der Rahmen zu verhindern. Als Schutzgas wird meist halbverbranntes Leuchtgas

verwendet. Als Lötmittel kommt Messinglot in Frage. Die induktive
Lötung der Fahrradrahmen hat gegenüber sonstigen Verfahren den
Vorzug, daß die Erwärmung der Lötstelle eng begrenzt bleibt und festig-
keitsmindernde Gefügeveränderungen in den Rohren des Rahmens nicht
auftreten [11].

Ein anderes Beispiel ist die Lötung von Stoßdämpfern. Man verwendet
hier vor allem bei solchen größerer Abmessungen (z. B. Stoßdämpfer für
Eisenbahnwagen) tiefere Frequenzen. Auf die Zylinder der Stoßdämpfer
werden Kappen in einer Durchlaufvorrichtung aufgelötet. Als Arbeitsspule verwendet man eine sogenannte Tunnelspule, die einen kontinuierlichen Durchsatz der Werkstücke gestattet. Die Stoßdämpfer drehen
sich beim Durchlauf um ihre Achse. Die Erwärmung erfolgt am Kappen-
rand und geht gleichmäßig durch die Kappe wie auch den Zylinder des
Stoßdämpfers, so daß das Lot, das zwischen Kappe und Zylinder in einer
Nut angebracht ist, zum Schmelzen kommt und sich in der Lötnaht
ausbreitet.

Eine spezielle Anwendungsform der induktiven Hartlötung ist das Löten
von Preßformen für die Herstellung von Schallplatten. Diese Formen
bestehen aus einem Unterteil und einem Oberteil, das während der Fabrikation der Schallplatten abwechselnd mit hochgespanntem Heißdampf erwärmt und mit Wasser gekühlt wird. Dazu sind in dem Unter- und Oberteil der Formen Heiz- bzw. Kühlkanäle eingearbeitet. Dies läßt sich aber
nur erreichen, wenn das Oberteil und auch das Unterteil aus je 2 Teilen
bestehen. Die beiden Teile des Formober- und -unterteiles sind schon
konstruktiv in der Ausbildung der Lötnähte so gestaltet, daß beim
späteren Gebrauch der Form die Lötnähte möglichst wenig auf Zug oder
Schub beansprucht werden. Insbesondere gilt dies für die äußere Lötnaht
der Form, an der im Betrieb die größten Wärmewechselbeanspruchungen
auftreten. Bei der Auswahl des Lotes muß vor allem die Wärmedehnung
der Form berücksichtigt werden, d. h. das Lot muß eine große Bruchdeh-
nung besitzen und dabei aber auch möglichst hohe Zugfestigkeit haben.
Außerdem darf die Lötnaht trotz ihrer großen Abmessung nur sehr
wenig Poren aufweisen, um dicht zu bleiben. Die Formteile werden so
bearbeitet, daß Lötspalte von 15 bis 20 μm vorhanden sind. Das Lot selbst
wird in mehreren Ringen direkt in die Lötnaht eingelegt, die außerdem
mit Flußmittel bestrichen wird. Das Flußmittel soll möglichst reichlich
aufgetragen werden, um bei der verhältnismäßig langen Erwärmungszeit
ein sicheres Fließen des Lotes und gute Desoxydation zu gewährleisten.
Zur Lötung werden die Formteile in eine Arbeitsspule gebracht, die die
Teile vollkommen umschließt. Gelötet wird mit einer Frequenz von 10 000
Hz. Die Erwärmungsführung wird zeitlich so geleitet, daß eine rasche und
möglichst gleichmäßige Durchwärmung der Formteile erfolgt. Während
des Lötvorganges wird die Form mit einem Gewicht von etwa 100 kg

belastet. Bei Erreichen der Löttemperatur tritt überschüssiges Lot aus den Formnähten. Zur Sicherheit wurde aber immer noch Lot von außen nachgeführt. Die Abb. 19 zeigt die Ausführungsform einer derartigen Anordnung.

Abb. 19. Induktives Löten eines Preßwerkzeuges (Schallplattenform)

Abb. 20. Induktives Hartlöten von Hartmetall auf Drehmeißelschäfte mit Mittelfrequenz. Einfache verstellbare Vorrichtung mit einwindiger Arbeitsspule

Als letztes Beispiel für Mittelfrequenzlötungen wollen wir das Auflöten von Hartmetallplättchen auf Drehmeißel besprechen. Die Hartmetallplättchen werden auf Stahlschäfte mit Spezialkupferlot aufgelötet. Das Kupferlot ist mit Flußmittel versetzt und enthält u. U. noch Eisenspäne.

Man bringt den Stahlschaft mit dem Kupferlot und dem Hartmetallplättchen in eine Vorrichtung, wie sie Abb. 20 zeigt, erwärmt langsam auf eine Temperatur von etwa 1100°C, wobei das Lötmittel zum Schmelzen kommt. Dann wird das Hartmetallplättchen auf die Stahlunterlage gepreßt. Die nachfolgende Abkühlung soll sehr langsam verlaufen, um Rißbildung im Hartmetall zu verhindern. Es lassen sich hiermit gute Ergebnisse erzielen, wenn eine Abstimmung erfolgt, die die Eigenschaften des Hartmetalles wie auch des Schaftmaterials und des Lotes berücksichtigt.

2.4.5.2.2 Lötbeispiele

Hochfrequenzlötungen werden im allgemeinen für kleinere Teile verwendet, insbesondere für Teile der Feinwerktechnik. Hier soll besonders an die Lötungen in der Schreib- und Rechenmaschinentechnik erinnert werden. Abb. 21 zeigt derartige Teile.

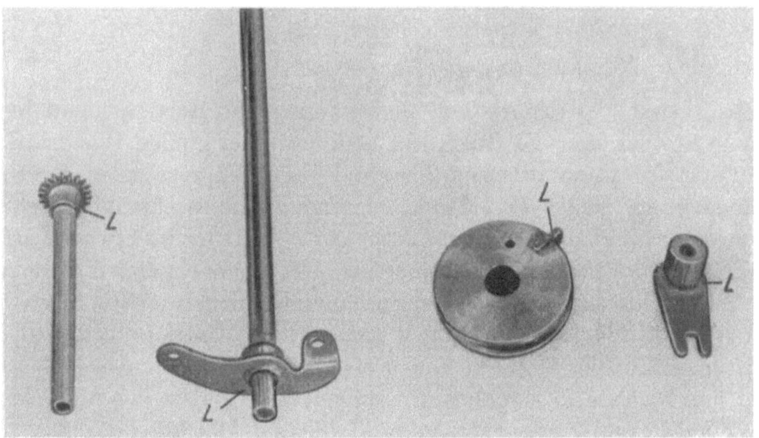

Abb. 21. Induktive Hartlötung an Büromaschinenteilen, *L* bezeichnet die Lötnähte

Ferner können für elektrische Schalter Kontakte aufgelötet werden. Die Kontaktfinger bestehen im allgemeinen aus Kupfer, während die eigentlichen Kontakte aus Silberlegierungen oder auch Reinsilber sind. Die Kontaktfinger werden in eine Vorrichtung eingespannt. Auf die Kontaktfinger wird das Silberlot aufgebracht und das Flußmittel als Paste zugegeben. Nun bringt man über den Kontaktfinger eine Formspule und legt den aufzulötenden Silberkontakt in irgendeiner Stellung auf. Nach dem Einschalten der Hochfrequenz erwärmen sich die Teile in 2 bis 3 Sekunden auf Löttemperatur, das Kontaktstück schwimmt dann auf dem flüssigen Lot und zieht sich durch die Kraftwirkung des elektromagnetischen Feldes in die richtige Lage. Den Schliff einer induktiv gelöteten Naht zeigt Abb. 22.

Abb. 22. Mikroschliff eines hartgelöteten Teiles (Lötnaht)

2.4.5.3 Generatoren für induktives Löten

Die Auswahl der Generatoren für das Weich- und Hartlöten wird durch das Werkstück und die Stückzahl bestimmt. Bei großen Wandstärken wird Mittelfrequenz zwischen 2000 und 10000 Hz verwendet. Sind die Wandstärken kleiner als 1,5 mm, verwendet man zweckmäßig Hochfrequenzgeneratoren mit Frequenzen von etwa 250 kHz bis etwa 2,5 MHz. Bei Mittelfrequenzgeneratoren werden Leistungen bis 50 kW benötigt, bei Weichlötungen mit Hochfrequenz kommen Generatorleistungen von etwa 750 W bis 5 kW in Frage, während bei Hartlötungen sich die Leistungen in den Grenzen von 3 bis 25 kW bewegen. Aus Tabelle 3 sind, um Richtlinien zu geben, für verschiedene Materialien und Wandstärken die zum Löten bevorzugten Frequenzen ersichtlich.

Tabelle 3. *Optimale Wandstärken von Stahl-, Messing- und Kupferteilen bei verschiedenen Lötmitteln in Abhängigkeit von der Frequenz*

Frequenz (Hz)	Material	Stahl		Messing		Kupfer	
	Lötmittel Löttemp.	LA G 20 750° C	Cu-Lot 1100° C	LSn 30 250 °C	LA G 20 750° C	LSn 30 250° C	LMs 63 910° C
2000		12	15	5,6	8	2,6	4
10000		5,5	7,5	2,5	3,6	1,2	1,8
500000		1,0	1,25	3,5	0,5	0,16	0,25
1000000		0,55	0,75	0,25	0,36	0,12	0,18
2500000		0,35	0,47	0,15	0,22	0,07	0,11

Die Generatoren selbst sind in der gleichen Art wie für die induktive Härtung ausgeführt und werden in Kapitel 5.2 Seite 123 näher besprochen.

2.5 Das induktive Härten

2.5.1 Das Härten von Stahl

Das induktive Härten ist ein spezielles Verfahren, das sich im Maschinenbau, insbesondere im Serienbau, gut eingeführt hat und ganz besonders für zonenweises Oberflächenhärten verwendet wird. Daher ist es möglich, an einem nahezu fertig bearbeiteten Werkstück örtlich eine Lauffläche, einen Anschlag oder irgendeine dem Verschleiß unterliegende Stelle zu härten, und zwar so zu härten, daß möglichst geringe maßliche Veränderungen (Verzug) auftreten und kostspielige Nacharbeiten entfallen.

Das induktive Härteverfahren setzt einmal besondere Anlagen voraus, nämlich Stromquellen, wie sie bereits beim Hart- und Weichlöten besprochen wurden, das sind Mittel- und Hochfrequenzgeneratoren für Frequenzen zwischen 4 und 1000 kHz, außerdem die dabei schon erwähnten Übertrager und Arbeitsspulen und zur Aufnahme und Führung der Werkstücke Vorrichtungen und Maschinen.

Die Vorrichtungen und Maschinen enthalten außer den Werkstückaufnahmen, Führungen und Transporteinrichtungen sowie Mittel zum Abschrecken der Werkstücke nach dem induktiven Erwärmen.

Für die induktive Erwärmung sind im allgemeinen Stähle erforderlich, die bereits auf Grund ihrer Zusammensetzung den für das Härten notwendigen Kohlenstoffgehalt besitzen. In Ausnahmefällen werden zur induktiven Oberflächenhärtung aufgekohlte Stähle verwendet. Die erzielbaren Einhärtetiefen sind von mehreren Faktoren abhängig. Sie können je nach den Erfordernissen zwischen 0,3 und 5 mm liegen.

2.5.1.1 Stahlsorten für die Induktionshärtung

Um für die Induktionshärtung eine geeignete Auswahl aus den üblichen marktgängigen Stahlsorten treffen zu können, muß man sich zunächst darüber im klaren sein, was das Induktionshärten erfordert. Es müssen Kohlenstoffstähle verwendet werden, die je nach der gewünschten Härte einen Kohlenstoffgehalt von etwa 0,35% bis etwa 1,2% haben. Dies ist zunächst die Grundforderung, die überhaupt an die für Induktionshärtung brauchbaren Stähle zu stellen ist. Weitere Forderungen sind:
Die Stähle sollen zum Härten so beschaffen sein, daß beim Abschrecken eine obere kritische Abschreckgeschwindigkeit (1000° C/sek) nicht überschritten wird, d. h. die Stähle sollen langsam abgeschreckt werden können; außerdem sollen sie wenig rißempfindlich sein. Diese Eigenschaften kann man durch gewisse Legierungsanteile erreichen, vor allem durch Mangan und Silizium. Ferner sind geringe Zusätze von Nickel, Molybdän und Vanadin gut brauchbar. Legierungsanteile in Form von

Tabelle 4. Stähle, die zum Induktionshärten geeignet sind (in Anlehnung an das Stahl-Eisen-Werkstoffblatt 830—55)

Markenbezeichnung	% C	% Si	% Mn	% Ni	% Cr	% Mo	% V	erreichbare Ober-flächenhärte HRC[2]
unlegierte Stähle[3]								
Ck 35	0,32—0,40	0,15—0,35	0,40—0,70					50—56
Ck 45	0,42—0,50	0,15—0,35	0,50—0,80					55—62
Cf 53	0,50—0,57	0,15—0,35	0,40—0,70					58—63
Cf 56[1]	0,56	0,25	0,6					59—63
Cf 70	0,68—0,75	0,15—0,35	0,20—0,35					59—64
legierte Stähle[3]								
36 Mn5[1]	0,36	0,3	1,40					50—54
40 Mn4	0,36—0,44	0,25—0,50	0,80—1,10					52—58
37 MnSi5[1]	0,37	1,20	1,20					52—58
46 MnSi4[1]	0,46	0,80	1,00					58—61
53 MnSi4	0,50—0,57	0,80—1,00	0,80—1,00					58—63
42 MnV7[1]	0,42	0,25	1,80				0,10	58—62
37 Cr4	0,34—0,41	0,15—0,35	0,50—0,80		0,9—1,2			53—59
41 Cr4	0,38—0,44	0,15—0,35	0,50—9,80		0,9—1,2			54—58
34 CrMo4	0,30—0,37	0,15—0,35	0,50—0,80		0,9—1,2	0,15—0,25		51—56
42 CrMo4	0,38—0,45	0,15—0,35	0,50—0,80		0,9—1,2	0,15—0,25		54—60
50 CrMo4	0,46—0,54	0,15—0,35	0,50—0,80		0,9—1,2	0,15—0,25		57—63
42 CrV6[1]	0,42				1,50		0,10	55—60
50 CrV4[1]	0,50	0,25	1,00		1,10		0,10	58—62
58 CrV4[1]	0,58	0,25	1,00		1,10		0,10	59—64
34 CrNiMo6[1]	0,34	0,25	0,5	1,50	1,50	0,20		52—58
36 CrNiMo4[1]	0,36	0,25	0,6	1,10	1,10	0,20		56—62
Automatenstähle							%S	
35 S 20	0,32—0,40	0,50 max	0,50—0,80				0,15—0,25	50—54
45 S 20	0,42—0,50	0,50 max	0,50—0,80				0,15—0,25	56—60
60 S 20	0,57—0,65	0,50 max	0,50—0,80				0,15—0,25	58—62

[1] Analysenmittelwerte.   [2] Gilt nur für Mf- und Hf-Härtung und bei Anlaßbehandlung bis 150° C.
[3] Schwefel- und Phosphorgehalt nicht größer als je 0,035%.

Chrom sind weniger erwünscht, da Chrom ein starker Karbidbildner ist und Chromkarbide bei dem Härten zu ihrer Auflösung eine gewisse Haltezeit erforderlich machen. Da aber beim Induktionshärten meistens der Erwärmungsablauf sehr schnell vor sich geht, ist eine relativ lange Haltezeit, wie sie gerade bei Chromstählen erforderlich wird, nicht gegeben.

In Tab. 4 [12] sind unlegierte und legierte Vergütungsstähle mit mehr als 0,35% Kohlenstoff angegeben, die sich für das Induktionshärten gut eignen. Außer diesen Vergütungsstählen kann auch Einsatzstahl verwendet werden. Sofern eine Aufkohlung an der Oberfläche stattgefunden hat, ist ein Einsatzstahl genau wie ein Vergütungsstahl härtbar.

Wie der Konstrukteur für jedes Bauteil die geeignete Stahlsorte hinsichtlich ihrer Festigkeit und Zähigkeit aussucht, muß er auch berücksichtigen, daß der Stahl induktiv gehärtet werden soll. Durch die Eigenart des induktiven Härtens läßt sich zwar ein für den jeweiligen Kohlenstoffgehalt hoher Härtegrad erzielen, jedoch soll der Konstrukteur nicht übertriebene Härtewerte fordern, denn die Maximalhärtewerte hängen von dem höchsten Kohlenstoffgehalt der Stahlsorte, die gewählt wird, ab. Da jede Stahlsorte und -charge aber hinsichtlich ihrer Analyse Toleranzen hat, können natürlich auch die Härtewerte schwanken. Daher müssen die geforderten Härtewerte entsprechend toleriert werden.

Oft ist man der Ansicht, daß beim Induktionshärten so gut wie kein Verzug auftritt. Dies kann nicht zutreffen. Allein durch das Härten, nämlich durch die Gefügeumwandlung, ist eine Materialveränderung bedingt. Das Härtegefüge ist spezifisch leichter als das nicht gehärtete Kerngefüge und muß sich daher ausdehnen. Dadurch ist schon ein gewisser Verzug bedingt. Die Induktionshärtung ist verzugsarm, aber nicht verzugsfrei. Auch dies hat der Konstrukteur bei der Auswahl des Stahles zu beachten. Soll ein möglichst geringer Verzug erzielt werden, so sind nach Möglichkeit kohlenstoffarme Stähle zu verwenden, d. h. Stähle, deren Kohlenstoffgehalt zwischen 0,35% und 0,45% liegt. Hinsichtlich des Verzuges kann eine Warmbehandlung des Stahles vor dem Induktionshärten eine gewisse Milderung bringen, da vergütete Stähle weniger verzugsempfindlich sind als geglühte.

2.5.1.2 Einfluß der Analyse und des Gefüges sowie die Vorgeschichte des Stahles

Betrachten wir eine Zusammenstellung unlegierter Baustähle, wie sie z. B. auch in dem Stahl-Eisen-Werkstoffblatt 830 geführt werden, nämlich die Stähle Ck 35, Ck 45, Cf 53 und Cf 70, so haben sie in ihrer Analyse einen steigenden Kohlenstoffgehalt und einen Anteil Silizium, der bei den genannten Stählen etwa gleich ist, außerdem einen gewissen Prozentsatz an Mangan, der allerdings stark wechselt. Der Kohlenstoffanteil im Stahl bestimmt beim Induktionshärten die erzielbare Oberflächenhärte. Voraussetzung ist dabei für hohe Härtewerte, daß die Umwandlungstemperatur um größere Temperaturwerte überschritten wird, als dies z. B. bei der Ofenhärtung oder der Tauchhärtung im Salzbad üblich ist. Diese Maßnahme fordert die Induktionshärtung, weil die Erwärmungszeiten sehr kurz sind. Außerdem muß, um eine gewisse Einhärtetiefe zu erzielen, eine bestimmte Oberflächen-Übertemperatur zugelassen werden.

Der Siliziumzusatz im Stahl dient außer einer Festigkeits- und Härtbarkeitssteigerung vor allem der Entgasung bzw. der Beruhigung des Stahles bei der Rohstahlgewinnung. Mangan fördert die Härtbarkeit des Stahles und setzt die obere kritische Abschreckgeschwindigkeit herunter. Die Stähle Ck 35, Ck 45 und Cf 53 weisen Mangangehalte zwischen 0,4% und 0,8% auf. Diese Stähle härten im allgemeinen auch bis zu verhältnismäßig großen Tiefen ein. Der Stahl Cf 70 ist ein ausgesprochener Oberflächenhärtestahl. Er wird insbesonders bei der Flammenhärtung verwendet. Für die Induktionshärtung erscheint in vielen Fällen dieser Stahl nicht geeignet, da er wegen der kurzen Erwärmungszeiten und eines verhältnismäßig hohen Kohlenstoffgehaltes rißempfindlich ist und aus diesem Grunde einer besonders sorgfältigen nachträglichen Warmbehandlung zur Entspannung bedarf.

Legierte Stähle haben größere Zusätze an Silizium, Mangan, Chrom, Molybdän und Vanadin. Was über die Zusätze von Silizium und Mangan oben gesagt wurde, gilt auch bei diesen Stählen. Zusätze von Chrom sind infolge der Karbidbildung für die induktive Härtung nicht günstig. Stähle für induktive Härtung sollen im allgemeinen nicht mehr als 1,5% bis höchstens 2% Chrom enthalten. Je höher der Chromanteil ist, um so höher soll auch der Kohlenstoffanteil im Stahl sein. Nach Möglichkeit sollte ein chromhaltiger Stahl stets in einem einwandfrei vergüteten Zustand gehärtet werden. In Ausnahmefällen sind allerdings auch hochprozentige Chromstähle, z. B. bis 17% Chrom, induktiv härtbar. Dies setzt aber bei der Induktionshärtung sehr hohe Temperaturen voraus, etwa bis 1200° C [13]. Durch die Anwendung so hoher Temperaturen gehen die Chromkarbide schneller in Lösung, so daß dann eine ausreichende Härtung möglich wird. Ein Molybdängehalt im Stahl kann nur von Vorteil sein; geringe Prozentsätze an Molybdän begünstigen die Härtbarkeit. Auf die Härtbarkeit der Stähle hat das Stahlgefüge hinsichtlich seiner Korngröße einen gewissen Einfluß. Man ist bestrebt, Stähle herzustellen, die speziell für die Induktionshärtung geeignet sind und achtet hierbei auf möglichst feinkörniges Gefüge. In dieser Richtung sollte aber nicht zuviel von dem Stahl verlangt werden. Stähle mit Gefügen, die nach ASTM die Korngröße 3 der Bezeichnung nach nicht unterschreiten, sind im allgemeinen ohne weiteres induktiv härtbar. Auch grobkörnige Stähle sind induktiv ohne wesentliche Schwierigkeiten härtbar, d. h. also, die zu härtenden Bauteile können in Gefügezuständen zum Härten angeliefert werden, wie sie z. B. nach bester Bearbeitbarkeit oder nach Festigkeitseigenschaften vorliegen.

Ein Stahl mit kugeligem Zementit ist in ähnlicher Weise härtbar, wie ein solcher mit ferritisch-perlitischem Gefüge oder reinem Vergütungsgefüge. Die durch die Ausgangsgefüge bedingten Unterschiede haben bei Härtung der Stähle einen wenn auch geringen Einfluß auf die Einhärtetiefe und den Härteverlauf. Die Härteannahme ist meist nur vom Vergütungsgrad abhängig.

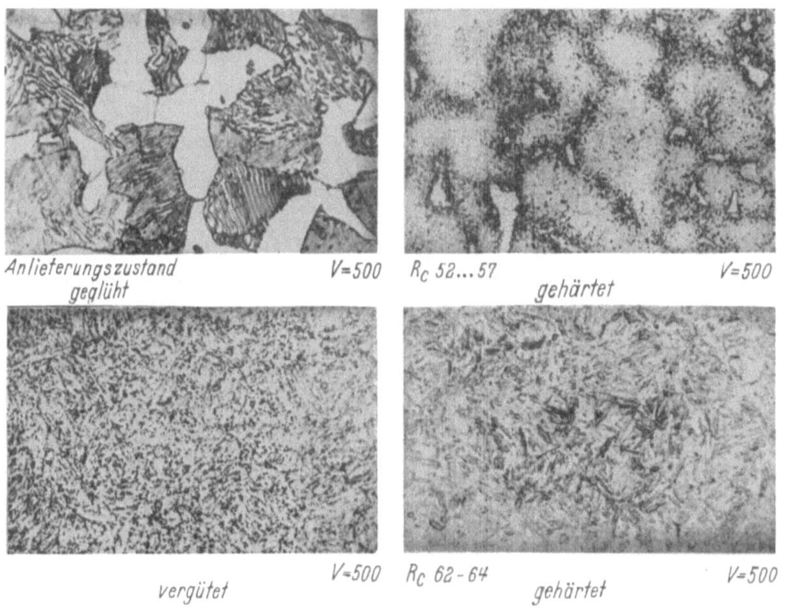

Abb. 23. (oben) Stahl C 45 Korngröße 4 mit 0,43% C, links: ferritisch-perlitisch geglühtes Gefüge (falsche Glühbehandlung) ergibt bei der Induktionshärtung kein einwandfreies Härtegefüge (rechtes Bild)

Abb. 24. (unten) Derselbe Stahl wie Abb. 23, jedoch vor dem Härten vergütet (links) ergibt nach dem Induktionshärten ein einwandfreies Härtegefüge (rechts)

Von erheblichem Einfluß auf die Härtbarkeit des Stahles ist seine Vorgeschichte bezüglich der Warmbehandlungen. Haben wir z. B. ein geschmiedetes Werkstück, so kann ein Gefügeaufbau vorliegen, der ferritisch-perlitisch ist. Hat man diese Werkstücke im Stapel aus der Schmiedehitze abkühlen lassen, so kann es durchaus vorkommen, daß sie nicht einwandfrei härtbar sind. Man findet im Härtegefüge entlang den ehemaligen Korngrenzen einen Martensit, der nicht tetragonal, sondern kubisch ist. Mißt man die Härte über verschiedene Körner, so treten erhebliche Härteschwankungen bis zu 150 VICKERS-Einheiten auf.

Es kann u. U. so weit gehen, daß an den Korngrenzen sich noch reiner Ferrit innerhalb der Härteschicht befindet. Eine derartige Härteschicht ist natürlich nicht brauchbar. Ist z. B. bei einem Werkstück eine Härte von 58^{+2}_{-4} RC verlangt, und wird bei einem Werkstück noch 54 oder 55 RC gemessen, so liegt dieser Härtewert innerhalb der geforderten Toleranz. Nach der Messung wäre ein solches Stück nicht Ausschuß, aber es zeigt ein gänzlich anderes Verschleißverhalten als dasselbe Stück mit einer Härte von 58 RC. Bei derartigen Gefügen ist es erforderlich, ein Normalisieren oder Vergüten vor dem Härten vorzunehmen, um einwandfreie Härteschichten und Härtewerte zu erhalten. Die Abb. 23a und b und 24a und b zeigen derartige Gefüge. Um derartige Fehler zu vermeiden, ist es angeraten, Gefügeuntersuchungen an Probestücken durchzuführen und sich nicht nur auf Härtemessungen zu verlassen.

2.5.1.3 Aufheizen, Haltezeit, Abschrecken

In Stahltabellen sind Härtewerte und Angaben über die Durchführung der Härtung verzeichnet. Man findet Temperaturangaben, die auf $\pm 5^\circ$ C genau einzuhalten sind, außerdem Haltezeiten, die u. U. über mehrere Stunden gehen können und Angaben, wie abzuschrecken ist. Bei der Induktionshärtung muß man sich mit einigem Mut über diese Angaben hinwegsetzen und die angegebenen Härtetemperaturen erhöhen. Im allgemeinen überschreitet man die in den Stahl- und Härtetabellen angegebenen Werte um etwa 50° bis 200° C. Die Aufheizzeiten beim Induktionshärten sind meist sehr kurz, vor allem, wenn man diese mit den Zeiten der Ofen- oder Salzbadhärtung vergleicht. Je nach Leistungsdichte, die zur Verfügung steht, die aber auch von der Einhärtetiefe abhängig ist, kann man Aufheizzeiten von 0,08 sek bis 5 oder 10 sek erzielen. Abb. 25 gibt Erwärmungskurven an, die auf verschiedene Oberflächenleistungen bezogen sind. Man erkennt hieraus, daß bei Leistungsdichten von 1 kW/cm² nach etwa 2 sek eine Oberflächentemperatur von 900° C erreicht wird. Steigert man die spezifische Oberflächenleistung bis beispielsweise auf 6 kW/cm², so erreicht man Oberflächentemperaturen von 900° C bereits bei 0,07 sek. Innerhalb von 0,1 sek erreicht man eine Temperatur von 1050° C an der Oberfläche. Ist das Aufheizen beendet, so tritt im allgemeinen eine kurze Verweilzeit ein. Die Temperatur gleicht sich etwas aus und sinkt an der Oberfläche ab. Die Temperaturabnahme an der Oberfläche beträgt etwa 50° bis 150° C. Nach dieser kurzen Haltezeit setzt das Abschrecken ein. Man schreckt meist mit Wasser ab und führt das Wasser unter Druck durch eine Brause an die erwärmte Zone des Werkstückes heran. Diese Abschreckung ist sehr schroff, wobei sie noch durch das unter der erhitzten Oberflächenschicht liegende kalte Material unterstützt wird. Die Abkühlungsgeschwindigkeit ist von den Abschreckbedingungen und von der Oberflächentemperatur abhängig.

Bei hohen Temperaturen erzielt man Abkühlungsgeschwindigkeiten von
10 000° C/sek und mehr. Nach tiefen Temperaturen hin nimmt die Abkühlungsgeschwindigkeit ab und hat bei Oberflächentemperaturen von
300° C nur noch Werte von 800° bis 1000° C/sek.

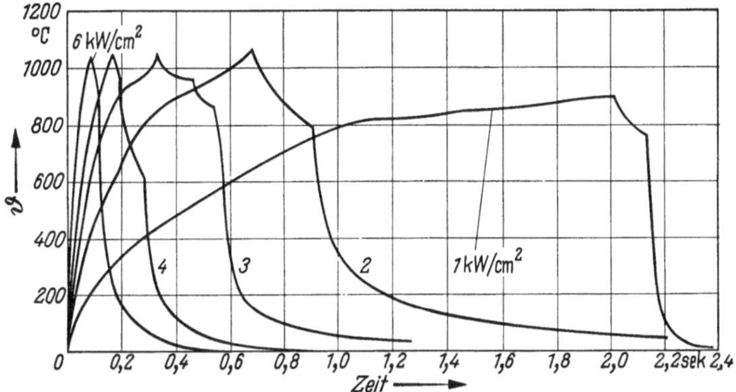

Abb. 25. Erwärmungsverlauf an der Oberfläche für verschiedene spezifische Leistungen bei Aufheizung und Abkühlung. Frequenz 550 kHz

Gemäß der Stahlsorte sind die Abschreckmittel auszuwählen. In vielen
Fällen wird reines Wasser verwendet. Man benutzt aber auch Wasser-Öl-
Emulsionen, die außerordentlich günstige Resultate ergeben. Unter Umständen genügt zur Abschreckung auch Luft. In manchen Fällen kann
die Wärmekapazität des Stückes, das gehärtet wird, ausgenutzt werden,
um eine Abschreckwirkung zur Härtung der Oberfläche (Selbstabschrek-
kung) zu erreichen. Dies setzt aber eine verhältnismäßig dünne gehärtete
Oberflächenschicht im Verhältnis zum gesamten Querschnitt des Stückes
voraus. Bei dünnen Stücken läßt sich auch eine Abschreckung mit Wasser
von der Rückseite des Werkstückes aus erzielen.

2.5.1.4 Die Abschreckmittel

Die Abschreckmittel, die wir für die Induktionshärtung wählen, sind
einmal abhängig von der geforderten Oberflächenhärte, weiterhin abhängig von der verwendeten Stahlsorte und dann auch von betrieblichen
Maßnahmen.

Wir wollen zuerst die Abschreckung mit reinem Wasser behandeln.
Wenn ein auf Härtetemperatur erwärmtes Teil abgeschreckt wird, so
kann man dieses in Wasser tauchen. Es wird zunächst eine starke
Abkühlung einsetzen (Abb. 26). Daraufhin wird eine Verdampfung des
Wassers an der Oberfläche auftreten. Es tritt durch den Dampf eine
gewisse Isolation ein und die Abschreckwirkung geht zurück. Dadurch
tritt die Forderung auf, das zu härtende Stück im Abschreckwasser zu
bewegen, damit der Dampf von der Oberfläche immer wieder abgespült

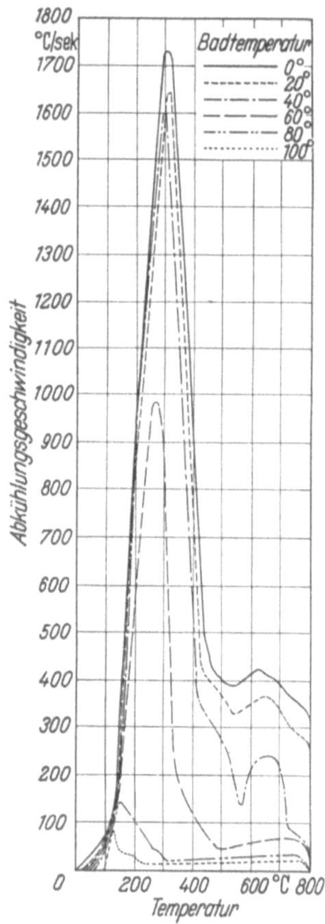

Abb. 26. Abkühlungsvermögen von ausgekochtem destilliertem Wasser (20 mm ⌀ Silberkugel) nach Peter

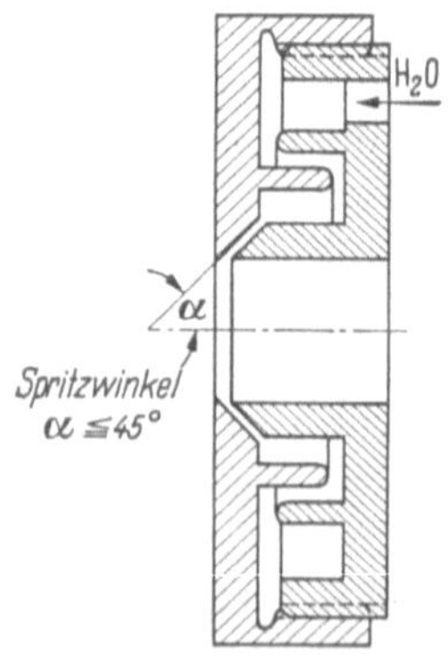

Abb. 27. Abschreckbrause mit Wasserführung. Spritzwinkel α ≦ 45°

wird [14]. Beim induktiven Härten arbeitet man fast immer mit fließendem Wasser, das die Oberfläche bespült. Am besten wendet man Brausen an und führt der Brause das Wasser mit einem gewissen Überdruck im allgemeinen mit 1 bis 4 atü zu. Bildet man die Brausen entsprechend aus, so kann bei dem Auftreffen des Wassers auf das zu härtende Werkstück überhaupt keine Dampfhaut entstehen. Der heißen Oberfläche wird immer kaltes Wasser zugeführt und der entstehende Dampf sofort weggespült und weggerissen.

Um dies in der Praxis wirklich einhalten zu können, muß das Wasser in einem Winkel zur Oberfläche auftreffen, der kleiner als 45° ist (Abb. 27). Am günstigsten ist ein solch flacher Winkel, daß das Wasser sich z. B. von einem zylindrischen Stab nicht löst. Leider läßt sich aus konstruktiven Gründen beim Zusammenbau von Arbeitsspule und Brause diese Forderung, die bei einem Spritzwinkel von 22° erfüllt ist, nur selten durchführen. Ein senkrechtes Auftreffen des Abschreckmittels auf die Werkstückoberfläche ist nicht empfehlenswert, denn es tritt hierbei eine Dampfhaut auf, die auch durch gesteigerten Wasserdruck nicht durchbrochen wird. Man muß bei einer derartigen Abschreckung und Wasserführung mit Weichfleckigkeit auf dem gehärteten Stück rechnen. Das Abschreckwasser selbst soll temperiert sein (etwa 15° bis 30° C). Die günstigste Wassertemperatur für das Abschrecken liegt zwischen 20° und 25° C.

Man wird auch die Erfahrung machen, daß das Wasser von Ort zu Ort verschieden ist und andere Abschreckwirkungen hat. Dies liegt an der verschiedenen Zusammensetzung des Wassers und vor allem an seinem Härtegrad (Abb. 28). Weiches Wasser ist zum Abschrecken wesentlich günstiger als hartes.

Beim Abschrecken mit Brausen soll man im allgemeinen auch darauf achten, daß der rein mechanische Zustand der Brausen einwandfrei ist, daß die Wasserstrahlen möglichst alle im gleichen Winkel auf das Werkstück auftreffen, daß sich die Wasserstrahlen nicht durchkreuzen und

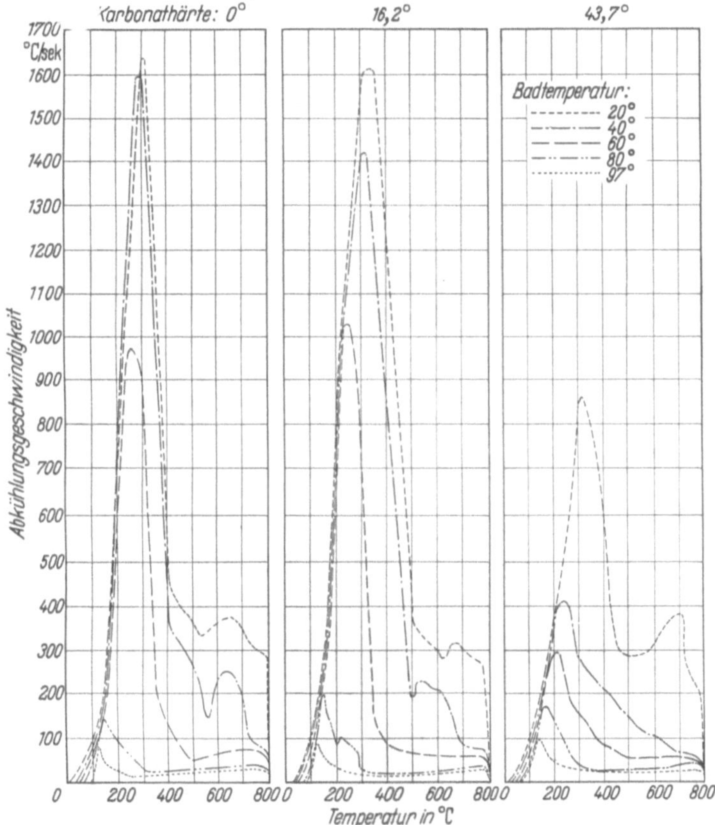

Abb. 28. Einfluß der Karbonathärte auf das Abkühlungsvermögen von Wasser (20 mm ⌀ Silberkugel) nach PETER

sonstige mechanische Mängel an der Brause auftreten. Insbesondere soll das Wasser von sämtlichen groben Verunreinigungen befreit sein, damit die Düsenlöcher der Brause bzw. die Schlitze der Brause nicht verstopft werden können. Weiterhin soll das Wasser möglichst einen geringen Luftgehalt haben (Abb. 29), vor allem sollen Pumpen, die zur Druckerhöhung verwendet werden, keine Luft ansaugen und mit sich führen können.

In vielen Fällen sind Stähle empfindlich gegen Wasserabschreckung, und es ist dann angezeigt, Ölemulsionen zu verwenden. Allerdings erzielt

man damit keine hohen Härtewerte. Es sei denn, man verwendet Stähle,
die von vornherein hohe Härtewerte geben. Als Emulsionszusätze bzw.
Emulsionsöle kann man Bohröle verwenden, außerdem ausgesprochene
Härteemulsionen, die mit besonderen Ölen hergestellt sind. Emulsionen
sollen nicht schäumen; außerdem sollen sie gegen Kupfer nicht aggressiv

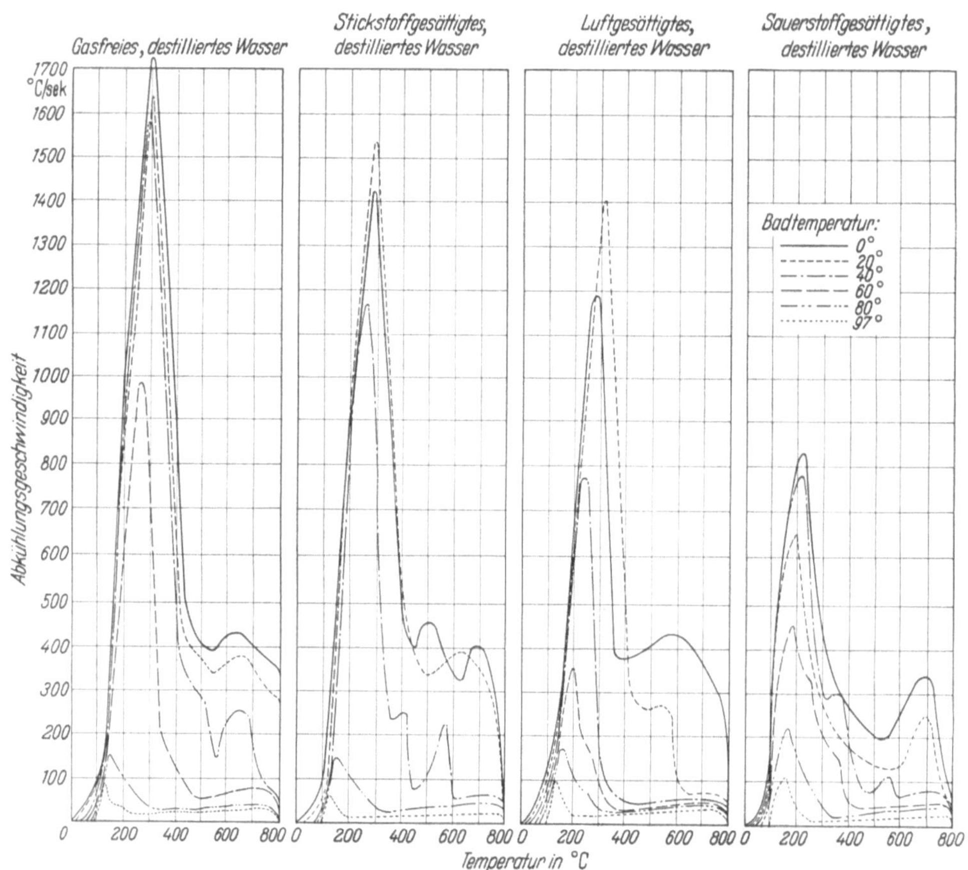

Abb. 29. Abkühlungsvermögen von destilliertem Wasser bei Sättigung mit Stickstoff, Luft und
Sauerstoff (20 mm ⌀ Silberkugel) nach PETER

sein, ebensowenig gegen Messing. Weiter ist zu beachten, daß diese
Emulsionen keine unangenehmen Folgen bei der Einwirkung auf
den Menschen selber haben. Insbesondere sollen sie nicht hautreizend
oder ätzend sein. Bezüglich der Temperatur der Emulsionen ist ungefähr
dasselbe zu verlangen wie bei reinem Wasser. Die Emulsionen werden
bei der Berührung mit der heißen Oberfläche eines Werkstückes zum
Teil zersetzt, und es bildet sich mit der Zeit Schlamm. Mit Hilfe von

Schlammabscheidern und Filtern ist dafür zu sorgen, daß dieser Schlamm nicht mehr der Brause zugeführt werden kann. Außerdem ist von Zeit zu Zeit der Wassergehalt der Emulsionen zu überprüfen und diese sind gegebenenfalls zu erneuern [15].

Für die Emulsionen müssen Vorratsbecken mit möglichst großem Fassungsvermögen vorgesehen werden, um eine große Wärmekapazität und lange Gebrauchsdauer zu erreichen. Ferner sind Rückkühler erforderlich, damit eine Temperaturhaltung gewährleistet wird.

Die Zusätze an Emulsionsöl zu Wasser schwanken zwischen 0,2% und 24%. Diese sind vor allem von der Art der Emulsion, aber auch in hohem Maße von der Qualität des zur Verfügung stehenden Wassers abhängig. Wasser mit hohem Härtegrad erfordert meistens mehr Zusätze an Emulsionsöl als weicheres Wasser.

Wird Luft als Abschreckmittel verwendet, so wird diese mit erhöhtem Druck durch Düsen auf das Werkstück geleitet. Das Arbeiten mit Luft ist besonders angenehm, setzt normalerweise aber lufthärtende Stähle voraus. Die oben besprochenen legierten und unlegierten Stähle sind für eine Lufthärtung nur dann geeignet, wenn das zu härtende Volumen im Verhältnis zum gesamten Werkstück sehr klein ist, damit die der Oberfläche zugeführte Wärmeleistung ohne wesentliche Gesamttemperaturerhöhung vom Werkstückvolumen aufgenommen werden kann.

Gelegentlich wird auch mit Wasserstoff abgeschreckt. Hier sind besondere Vorsichtsmaßnahmen wegen der möglichen Knallgasbildung und der damit verbundenen Explosionsgefahr erforderlich. Die Wasserstoffabschreckung wird selten angewendet, hat aber den großen Vorteil, insbesondere bei feinen Teilen der feinmechanischen Industrie, daß diese nicht verzundern und völlig blank aus dem Härteprozeß hervorgehen. Die Abschreckwirkung von Wasserstoff ist wesentlich größer als bei Wasser, wenn er mit einem Druck von 7 atü zugeführt wird.

Als Abschreckmittel wird reines Öl nur dann verwendet, wenn eine Tauchhärtung vorgenommen werden kann. Reines Öl kann wegen der Brand- und Explosionsgefahr nur selten durch Brausen auf das glühende Werkstück aufgespritzt werden.

2.5.1.5 Das Entspannen

Nach jeder Härtebehandlung sollte man unbedingt einen Entspannungsvorgang zum Abbau unzulässiger Härtespannungen ansetzen. Das Entspannen kann bei verschiedenen Temperaturen erfolgen. Im allgemeinen liegen diese Temperaturen zwischen 100° und 250° C. Entspannt man Werkstücke bei 100° C, also z. B. in kochendem Wasser, so muß das Werkstück 2 bis 3 Stunden mindestens in dem Bad bleiben. Ein Nachlassen der Härtewerte ist bei diesem Entspannungsverfahren nicht zu befürchten und ist bisher nicht beobachtet worden. In vielen Fällen genügt dies jedoch nicht, und es sind höhere Temperaturen erforderlich. Die nächste Stufe wäre ein Entspannen bei 120° bis 140° C. Hierzu können Ölentspannungsbäder oder Luftumwälzöfen Verwendung finden. Auch hierbei ist kaum zu erwarten, daß ein Nachlassen der Härtewerte erfolgt. Als weitere Entspannungsstufe kommt der Temperaturbereich von 140° bis 200° C in Frage. Dieser Temperaturbereich wird in vielen Fällen angewendet. Man arbeitet hier ebenfalls mit Ölentpannungsbädern und, je nach Größe der Stücke, mit Luftumwälzöfen. Das Entspannen bei Temperaturen von 140° bis 200° C läßt die Härte bis zu 4 RC-Einheiten zurückgehen. Dies ist aber immer von der Art des verwendeten Stahles abhängig. Ein Entspannen in diesem Temperaturbereich hat ein Lösen der Härtespannungen, die durch den tetragonalen Martensit hervorgerufen werden, zur Folge und damit wird die Gefahr der Rißbildung herabgesetzt bzw. überhaupt vermieden. Ölentspannungsbäder sind meist von großem Vorteil, da das Öl eine schnellere Wärmeübertragung in das Werkstück erlaubt, als dies im Luftumwälzofen geschehen kann. (Bei der Verwendung eines Ölentspannungsbades muß das Werkstück nach dem Härten völlig trocken sein.) Bei Temperaturen von 175° C und mehr tritt bereits eine Umwandlung des tetragonalen Martensits in kubischen Martensit ein. Infolge dieser Gefügeumwandlung sinkt aber auch die Härte ab. Das Entspannen hat außer dem Lösen der Härtespannungen und dem Umwandeln von tetragonalem in kubischen Martensit zur Folge, daß vor allem bei höher gekohlten Stählen ein etwa vorhandener Restaustenit noch in Martensit umgewandelt wird. Dadurch ergibt sich eine gleichmäßigere Härteschicht in bezug auf das Gefüge und die Härtewerte werden gleichmäßiger. Nach dem Entspannen läßt man die Werkstücke an der Luft abkühlen.

2.5.2 Härten von Guß

2.5.2.1 Die Gußsorten

Man unterscheidet Grauguß, Sphärolitguß, Temperguß und Stahlguß. Als Gußeisen bezeichnet man ein aus Roheisen und verschiedenen Zuschlägen sowie Schrott hergestelltes Eisen. Gußeisen enthält im allgemeinen mehr als 1,7 % Kohlenstoff in gebundener bzw. freier Form. Von wesentlichen Einfluß ist bei Gußeisen der Legierungsbestandteil Silizium sowie in etwas geringerem Maße auch Mangan. Für die Induktionshärtung kommen Gußeisensorten in Frage, die einen Gesamtkohlenstoffgehalt von etwa 2 % bis 2,5 % aufweisen sowie einen Siliziumgehalt, der zwischen 1 % und 2,5 % liegt. Dieses Gußeisen wird im allgemeinen als perlitischer Grauguß verwendet und läßt sich unter gewissen Bedingungen gut härten.

Der zur Härtung bestimmte Grauguß soll keine ledeburitischen Gefügebestandteile bzw. Dendritenstruktur (Abb. 30) besitzen. Ledeburit führt im Grauguß bei der Härtung zu starken Spannungen und demgemäß zu Rissen. Der Phosphorgehalt des Graugusses soll nicht über 0,7% liegen. Ein Zusatz von Nickel ist meist schädlich, obwohl eine Legierung mit Nickel beim Grauguß martensitfördernd ist. Die hohen Spannungen,

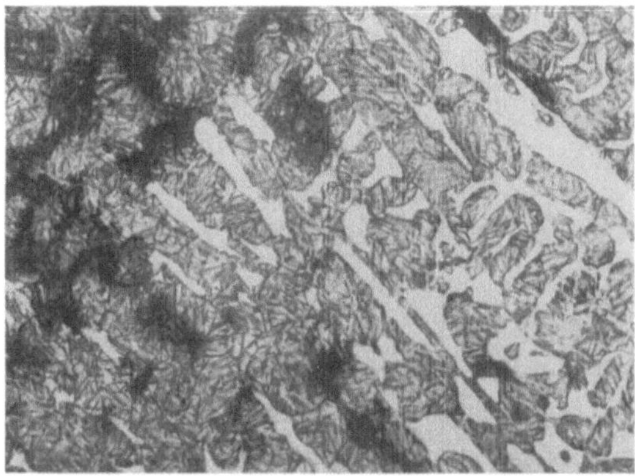

Abb. 30. Ledeburitisches Gefüge von Grauguß GG 26 ist zur induktiven Härtung nicht geeignet

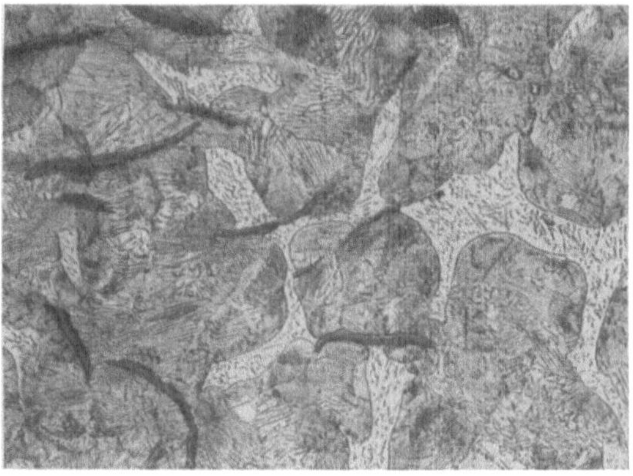

Abb. 31. Perlitisches Gefüge von Grauguß GG 26 ist zur induktiven Härtung geeignet

die durch die starken Martensitbildungen dabei auftreten, führen leicht zu Rissen und Brüchen. Ein Zusatz von Molybdän fördert ebenfalls die Härteannahme des Graugusses, hat aber im Gegensatz zu Nickel keine Spannungsrisse zur Folge. Abb. 31 zeigt das Gefüge eines für die induktive Härtung geeigneten perlitischen Graugusses. Der im Gußeisen vorhandene freie Kohlenstoff (Graphit) findet sich im Gefüge in Lamellenform. Die Graphitlamellen sollen möglichst gleichmäßig verteilt sein

4*

und eine bestimmte Größe nicht überschreiten. In Abb. 32 ist eine Graphitlamellenrichtreihe nach ASTM angegeben. Es ist zweckmäßiger, keine größeren Graphitlamellen zuzulassen, als sich aus der ASTM-Größe 4 ergibt.

Ein besonders gut geeigneter Guß ist der sog. Meehanite-Guß, er kann beim induktiven Härten wie Stahl behandelt werden.

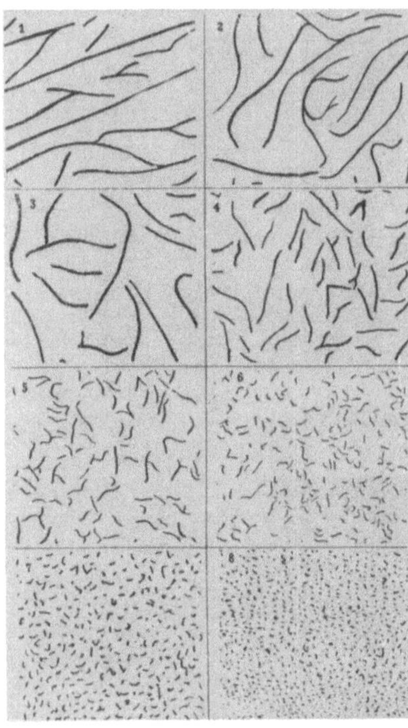

Abb. 32. Richtreihe nach ASTM für Graphitlamellen in Grauguß. Lamellengrößen ab 4 bis 8 sind für induktives Härten besonders geeignet

Temperguß ist ein aus dem weißen Gußeisen abgeleiteter Guß, der sich in entsprechender Formgebung, d. h. bei nicht zu großen Wandstärken und einwandfrei ausgebildetem Gefüge, härten läßt und beim Härten die gleichen Eigenschaften zeigt wie Stahl.

Sphärolitguß, ein nach einem besonderen Verfahren hergestelltes Gußeisen, eignet sich in den handelsüblichen Sorten sehr gut zum induktiven Härten. Es gibt die Sorten ferritischer, perlitisch-ferritischer und perlitischer Sphärolitguß. Die drei Sorten sind induktiv härtbar, wobei der perlitische und perlitisch-ferritische Sphärolitguß am besten härtbar sind. Bei der Härtung des rein ferritischen Sphärolitgusses sind besondere Temperaturführungen erforderlich, um den in den Sphäroliten angelagerten Kohlenstoff aufzulösen.

Stahlguß ist die letzte Sorte, die wir betrachten wollen. Er verhält sich gegenüber den anderen Gußsorten bei der Härtung am einfachsten. Keinerlei besondere Vorsichtsmaßnahmen bezüglich Aufheizgeschwindigkeit und Abschreckung sind zu beachten, wie dies z. B. bei Grauguß notwendig ist. Stahlguß wird ebenso behandelt wie Bauteile aus Walzstahl.

2.5.2.2 Aufheizen, Haltezeit, Abschrecken

Nachdem, was in dem Abschnitt 2.5.2.1 gesagt wurde, ist normales Gußeisen (Grauguß) wohl am schwierigsten induktiv härtbar. Deswegen soll im folgenden nur von der Härtung von Grauguß die Rede sein. Die anderen Gußeisensorten, wie Temperguß, Sphärolitguß und Stahlguß, sind härtetechnisch leichter zu bearbeiten und liegen in ihrer Bearbeitbarkeit zwischen Grauguß und Stahl.

Die induktive Härtung von Grauguß wird ähnlich durchgeführt wie bei Stahl, auch die Einrichtungen sind dieselben, jedoch können nicht so kurze Erwärmungszeiten angewendet werden, da sonst innerhalb des Werkstückes große Wärmespannungen entstehen und dadurch Risse auftreten können. Die Erwärmung muß verhältnismäßig langsam vor sich gehen.

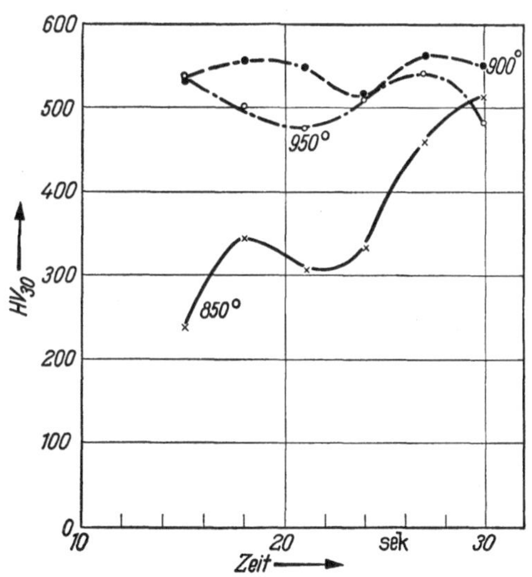

Abb. 33. Härteannahme von Gußeisen GG 26 bei induktiver Erwärmung in Abhängigkeit von der Erwärmungszeit und der Härtetemperatur

Meist soll die Erwärmungszeit mehrere Sekunden betragen. Ist die Härtetemperatur erreicht, so soll man eine gewisse Zeit bei dieser Temperatur verweilen, damit schwer lösliche Gefügebestandteile in Lösung gehen und eine Härtung bei der nachfolgenden Abschreckung möglich ist. Abb. 33 zeigt ein Diagramm, das die Härteannahme von Gußeisen GG 26 in Abhängigkeit von der Temperaturführung beschreibt. Daraus geht hervor, daß für einen Guß nicht jede beliebige Härtetemperatur über dem AC3-Punkt vorteilhaft ist. Zu hohe Temperatur läßt die Härte unter Umständen bei langer Einwirkzeit wieder absinken. Außerdem tritt bei einer Temperatur von 950° C das Phosphiteutektikum aus der Oberfläche des gußeisernen Werkstückes aus. Also darf die obere Temperaturgrenze von 950° C, besser 900° C bis 930° C, nicht überschritten werden. Für jede Gußeisensorte gibt es eine bestimmte günstigste Härtetemperatur, die durch Versuche festzustellen ist.

Man soll auch stets auf die Gefügeausbildung des zu härtenden Gusses achten. Perlit soll möglichst feinstreifig sein. Der im Guß vorhandene lamellare Graphit soll gleichmäßig verteilt sein. Große, ungleichförmig verteilte Graphitlamellen oder Nestergraphit führen zu erheblichen Spannungen im Guß, so daß schon beim Erwärmen und besonders beim Abschrecken zum Härten Risse entstehen. Zu große Ausbildung der Graphitlamellen, auch bei gleichmäßiger Verteilung, hat bei der Härtung beträchtliche Nachteile. Insbesondere bei hohen Härtewerten können bei grober Ausbildung der Graphitlamellen kleine Teile aus der gehärteten Oberfläche bei der Weiterverarbeitung des Werkstückes ausbrechen. Aus diesen Gründen sollten die Graphitlamellen im Guß bei möglichst gleichmäßiger Verteilung nicht größer sein als nach ASTM-Größe 4 (Abb. 32).

Um einen sanften Übergang der Härtewerte von der harten Randschicht zum Kern zu bekommen, wird meist nicht sofort an die Aufheizperiode anschließend abgeschreckt. Vor der zur Härtung notwendigen intensiven Oberflächenkühlung läßt man erst etwa 0,5 bis 2 Sekunden an Luft abkühlen und schreckt dann scharf ab.

2.5.2.3 Abschreckmittel für Guß

Für das Härten von Gußeisen soll nicht, wie bei Stahl, Wasser verwendet werden. Wasserabschreckung führt meist zu Rißbildung innerhalb der gehärteten Oberflächenschicht. Nur in Ausnahmefällen, wie z. B. bei dem Meehanite-Guß, kann mit reinem temperierten Wasser von 20° bis 25° C abgeschreckt werden. Anders liegen die Dinge bei Temperguß und Stahlguß. Hier kann mit Wasser abgeschreckt werden.

Bei Grauguß verwendet man zum Abschrecken großer Teile entweder Preßluft oder Öle bzw. Öl-Wasser-Emulsionen. Bei den mittleren und kleinen Stücken des Maschinen- und Fahrzeugbaues hat es sich als zweckmäßig erwiesen, ausschließlich Ölemulsionen zu verwenden. Die Zusammensetzung dieser Öl-Wasser-Emulsionen ist verschieden und hängt erstens von dem verwendeten Öl selbst ab, zweitens aber auch von dem Härtegrad des Wassers. Die Haltbarkeit derartiger Emulsionen ist von dem Durchsatz an Werkstücken abhängig und beträgt bei 8stündigem Betrieb je Tag etwa 6 bis 8 Wochen. Nach dieser Zeit sind Ölemulsionen zwar noch bedingt brauchbar, und man wird eine deutliche Veränderung erst nach etwa einem Vierteljahr bemerken. Es zeigt sich aber, daß dann bereits in den Vorratsbehältern eine starke Schlammschicht vorhanden ist. Auch sollen die Ölemulsionen bezüglich ihrer Konzentration von Zeit zu Zeit geprüft werden [15].

2.5.2.4 Das Entspannen

Nach der induktiven Härtebehandlung von Grauguß sollen die gehärteten Stücke einer Entspannungsbehandlung unterzogen werden. Zum Entspannen können Ölbäder, Salzbäder oder Luftumwälzöfen Verwendung finden. Die Entspannungstemperatur soll zwischen 150° und 220° C liegen. Die Zeitdauer der Entspannungsbehandlung, etwa 1 bis 3 Stunden, richtet sich einmal nach dem gewünschten Härtegrad, zum anderen nach den Werkstückformen.

2.5.3 Prüfverfahren

2.5.3.1 Stirnabschreckprobe, Probehärtung

Wie bei der Einsatz- und Salzbadhärtung wird man beim Induktionshärten nach Prüfverfahren für die verwendeten Materialien suchen. Die Ausgangsmaterialien induktiv zu härtender Werkstücke sollen in ihrer Härteannahme bestimmte Bedingungen erfüllen. Man will in der Fabrikation den Ausschuß so gering wie möglich halten und braucht daher auch Prüfverfahren, um die Härteannahme zu untersuchen. Die JOMINY-Probe ist hierzu ein Mittel. Auch eine Vielhärtbarkeitsprobe ist nicht zu unterschätzen und gibt Auskunft über die Rißempfindlichkeit des verwendeten Werkstoffes. Obwohl diese beiden Prüfmethoden keine restlose Auskunft über das Verhalten des Werkstoffes bei der Induktionshärtung geben, so kann man doch aus ihren Ergebnissen bestimmte Rückschlüsse ziehen. Am sichersten ist jedoch ein Prüfverfahren mit einer induktiven Probehärtung, bei der ein Hohlzylinder mit 25 mm Außen- und 15 mm Innendurchmesser

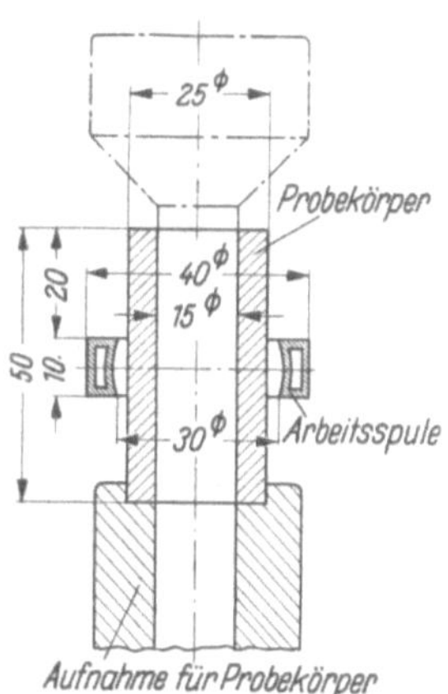

Abb. 34. Probekörper mit Arbeitsspule zur induktiven Härtbarkeitsprobe

bei 50 mm Länge verwendet wird. Dieser Zylinder wird in einer Anordnung nach Abb. 34 auf einer Induktionshärteanlage gehärtet. Die Erwärmung erfolgt mit einer einwindigen Arbeitsspule von 10 mm Breite und 30 mm Innendurchmesser, wobei ihre Innenfläche tonnenförmig ausgearbeitet ist. Es wird mit Hochfrequenz erwärmt, die Generatorleistung beträgt 25 kW bei 500 kHz und 2 Sekunden Erwärmungszeit, wobei sich eine Oberflächentemperatur von 1000° C einstellen soll. Abgeschreckt wird mit Wasser, das mit einen Druck von 0,4 atü bei 4,5 l/min schon während der Erwärmung auf die Innenwand des Hohlzylinders einwirkt. Nach 10 Sekunden kann der Probekörper der Vorrichtung entnommen werden. Entlang einer Mantellinie wird nun

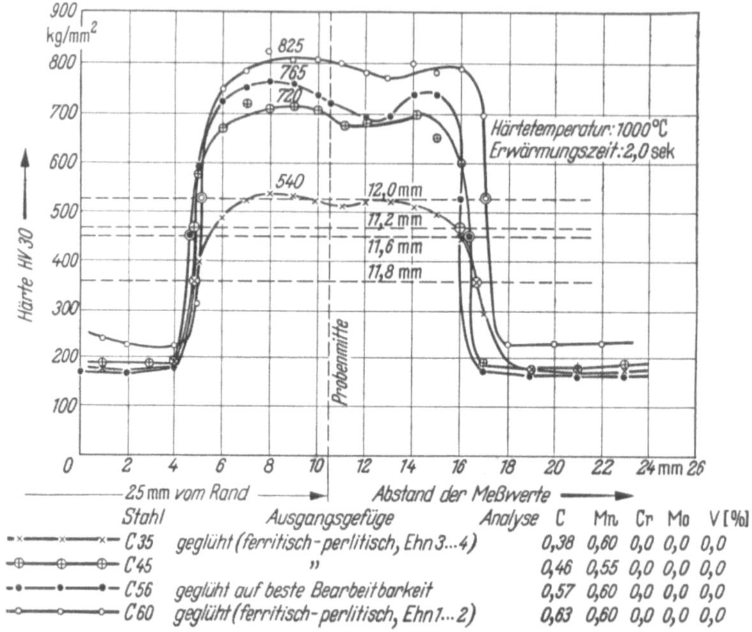

Abb. 35. Härteverlaufskurven von induktiv erwärmten Probekörpern mit 2 sek Erwärmungszeit bei 25 kW Hochfrequenz-Leistung und $f = 500$ kHz, unlegierte Vergütungsstähle (Probekörper nach Abb. 34)

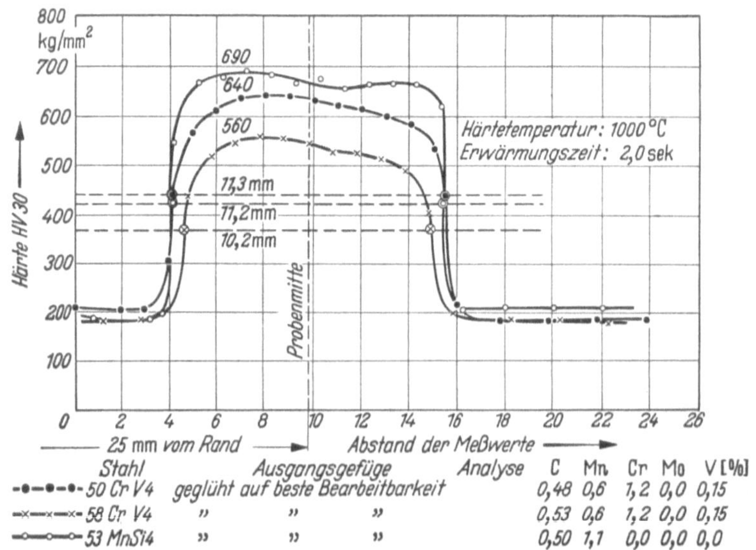

Abb. 36. Härteverlaufskurven von induktiv erwärmten Probekörpern nach Abb. 34 aus legierten Vergütungsstählen. Daten wie in Abb. 35

der Härteverlauf nach VICKERS bestimmt. Daraus kann das Verhalten des Stahles bei der induktiven Härtung und seine Härteannahme ermittelt werden. Entscheidend hierfür ist die Breite der Härtezone $(> 10\,\text{mm})$ bei $\dfrac{H_{v\,\text{max}} + H_{v\,\text{Kern}}}{2}$ und die erreichte Maximalhärte. Auf diese Art lassen sich auch verschiedene Gefügezustände bezüglich der Härtbarkeit untersuchen. Die Abb. 35 u. 36 zeigen von vier verschiedenen Stählen die Härteannahmekurven für den vergüteten und den ferritisch-perlitisch geglühten Zustand [16]. An diesen Probestücken können außerdem am Querschliff Härtemessungen durchgeführt werden, um über den Härteverlauf nach der Tiefe Aufschluß zu bekommen. Diese Härtemessungen werden mit einem Kleinlasthärteprüfer durchgeführt, wobei nach VICKERS gemessen wird und eine Belastung von 500 g bzw. 1000 g zweckmäßig erscheint. Außerdem sind in Zweifelsfällen mikroskopische Gefügeuntersuchungen zur Beurteilung der Härteschicht angebracht. Diese geben darüber Aufschluß, ob z. B. noch ein Ferritnetz entlang den Korngrenzen in der Härteschicht oder bei chromlegierten Stählen nicht gelöste Karbide vorhanden sind. Solche Stähle sind für die Induktionshärtung nur brauchbar, wenn sie vorher vergütet werden.

2.5.3.2 Härtemessungen und Rißprüfungen am fertigen Stück

Bei der Prüfung am fertigen Stück soll die Härte nachgeprüft und gleichzeitig ein gewisses Sicherheitsmaß gegeben werden, daß eine ausreichende Einhärtetiefe vorhanden ist. Man wird daher nach ROCKWELL prüfen und eine Prüflast von 150 kg verwenden. Dies ist aber nur zulässig, wenn das Stück noch nicht endgültig bearbeitet ist, da der tiefe Rockwelleindruck sich sonst in der Oberfläche störend bemerkbar macht. Eine Rockwellprüfung mit 150 kg Last gibt nur dann ein richtiges Maß, wenn die Härteschicht dicker als 0,7 mm ist. Das heißt also, bei einer geforderten Härte von 60 RC hat man bei der Prüfung mit Sicherheit eine Einhärtetiefe von 0,7 mm, wenn der geforderte Wert von 60 RC bei zwei verschiedenen Prüfbelastungen (z. B. 62,5 kg und 150 kg) angezeigt wird. Eine Kontrolle des fertig bearbeiteten Stückes, d.h. nach dem letzten Schliff, wird man nur mit Hilfe einer Vickersprüfung mit einer Prüflast von maximal 30 kg besser jedoch 10 kg vornehmen. Vielfach verwendet man aber auch hier das Super-Rockwellverfahren mit einer Prüflast von 62,5 kg. Diese Rockwellprüfung dürfte aber in der Werkstatt nur eine grobe Prüfung sein, da sie stark von der Genauigkeit, dem Zustand der Meßgeräte und der Arbeitsweise des Bedienenden abhängt. Im allgemeinen ist eine Härteprüfung an jedem Stück, insbesondere bei Massenfabrikation, nicht unbedingt notwendig.

Rißprüfungen sollen zum mindesten an den ersten Stücken einer Serie und einer Charge durchgeführt werden. Auch hier kann man sich auf

Stichproben verlassen. Als Prüfverfahren kommen magnetische Prüf-verfahren oder Pastenprüfverfahren in Betracht, insbesondere solche, die mit direkter Lichtanzeige im ultravioletten Licht arbeiten. Auch elektri-sche Rißprüfgeräte, die mit Hochfrequenz oder Ultraschall arbeiten, sind am Platze und eignen sich gut für Stückprüfungen bei Teilen, die sehr empfindlich sind und bei denen es auf höchste Präzision ankommt.

3 Die Arbeitsspule

Bei induktiven Härteanlagen ist die Arbeitsspule das wichtigste Werk-zeug, da diese die Mittelfrequenz- bzw. Hochfrequenzenergie auf das Werkstück überträgt. Nicht nur beim induktiven Härten, auch beim Schmieden und Löten, ebenso bei Glühvorgängen, ist die Arbeitsspule das energievermittelnde Teil. Arbeitsspulen gibt es in den verschiedensten Ausführungsformen, jeweils dem besonderen Arbeitsvorgang und dem Werkstück speziell angepaßt. Arbeitsspulen zum Schmieden und Glühen sind verhältnismäßig einfach, und es handelt sich dabei in den meisten Fällen um konzentrische Spulen mit mehreren Windungen. Diese Ar-beitsspulen sollen in Kapitel 5.3.1 besprochen werden. Arbeitsspulen zur induktiven Oberflächenhärtung können von den einfachsten Formen, z. B. gerade ausgestreckte Leiter oder einwindige kreisförmige Schleifen, bis zu den kompliziertesten Formen, die werkstückbedingt sind, her-gestellt werden.

3.1 Prinzip der Energieübertragung: Arbeitsspule-Werkstück

Bei der induktiven Energieübertragung haben Arbeitsspule und Werk-stück die Funktion eines Transformators. Die Arbeitsspule ist die Primär-wicklung dieses Transformators, das Werkstück selbst stellt die Sekun-därwicklung dar. Im Prinzip zeigt dies bereits Abb. 2. Wird die Arbeits-spule von Wechselstrom durchflossen, so baut sich um sie herum ein Wechselfeld auf. Dieses Wechselfeld induziert seinerseits in dem Werkstück einen Strom, der eine glühende Zone erzeugt, die ein formgetreues Abbild der Arbeitsspule ist. Außerdem ist der im Werkstück induzierte Strom der Stromstärke in der Arbeitsspule proportional.

Der induzierte Strom soll so groß sein, daß er in kurzer Zeit infolge der entstehenden Wärme das Werkstück auf Härtetemperatur erwärmt. Die Wärmemenge, die im Werkstück erzeugt wird, ist abhängig vom elektrischen Widerstand des Werkstückes bzw. des Werkstoffes, von dem Quadrat des Stromes, der im Werkstück fließt, und seiner Einwirkzeit.

Wenn wir durch einen Leiter einen Gleichstrom schicken, wird dieser Gleichstrom den Querschnitt des Leiters gleichmäßig erfüllen. Dies ist bei Wechselstrom nicht der Fall, sondern es tritt Stromverdrängung nach dem Rande des Leiters hin auf (siehe Kap. 2.1). Je höher die Frequenz des Wechselstromes ist, um so weniger dringt der Strom in den Leiter ein $\left(\delta = 50{,}3\sqrt{\dfrac{\varrho}{\mu \cdot f}}\ \text{cm}\right)$. Da die Leistung aber dem Quadrat des Stromes proportional ist, ist ihre Eindringtiefe nur halb so groß wie die des Stromes.

Im Gebiet der Stromeindringtiefe (Abb. 37) werden bereits etwa 86% der zur Verfügung stehenden Leistung umgesetzt. Je nach Frequenz wird also in einer mehr oder weniger dicken Schicht die Erwärmung erfolgen, und sie breitet sich dann nach den Wärmeleitungsgesetzen ins Innere des Werkstückes aus.

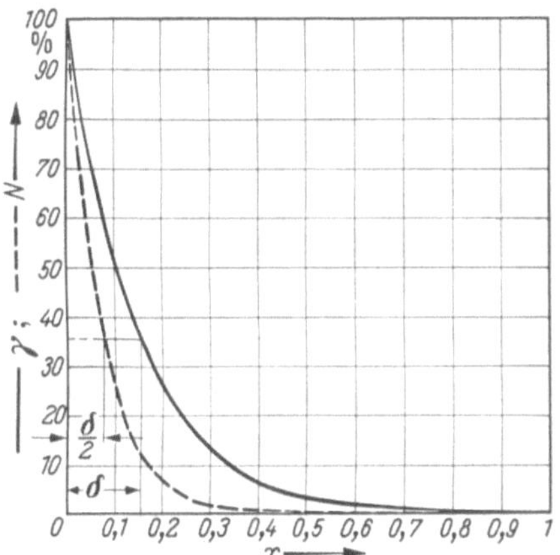

Abb. 37. Verlauf der Eindringtiefe δ von Strom γ und Leistung N im Material

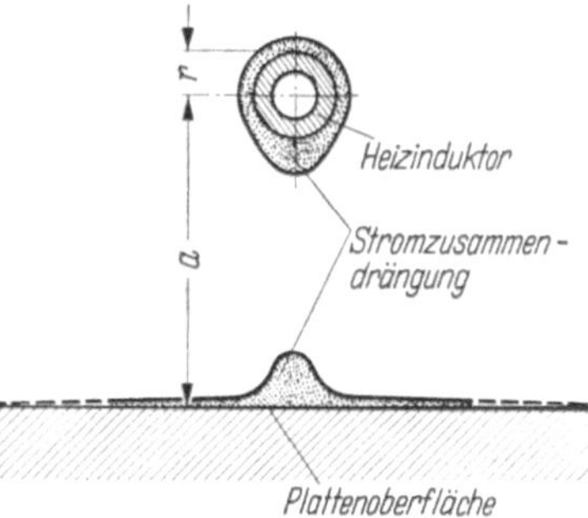

Abb. 38. Strombelag auf der Arbeitsspule und der ebenen Plattenoberfläche schematisch dargestellt

Die Arbeitsspule hat die Aufgabe, Mittelfrequenz- oder Hochfrequenzenergie auf das Werkstück zu übertragen. Die dem Verständnis am einfachsten darzulegende Form der Arbeitsspule ist eine solche mit kreisförmigem Querschnitt, die ein Materialstück umschließt und ihre Energie gemäß dem Induktionsgesetz auf das Werkstück überträgt.

Durchfließt ein elektrischer Strom die Arbeitsspule, so wird im Werkstück eine Spannung induziert, die einen Strom durch das Werkstück zur Folge hat. Da dieser Strom eine verhältnismäßig hohe Frequenz hat, tritt Skineffekt und außerdem der sogenannte Annäherungseffekt auf. Durch diese beiden Effekte haben wir, über die Arbeitsspule gesehen, keine gleichmäßige Stromverteilung, sondern eine sich aus der Geometrie der Anordnung und der Frequenz ergebende. In Abb. 38 ist diese Verteilung dargestellt. Danach erhält man im Werkstück eine getreue Abbildung des Stromes der Arbeitsspule. Je näher die Arbeitsspule dem Werkstück ist, desto enger zieht sich im Werkstück die Strombahn zusammen, desto größer ist auch die Energiekonzentration im Werkstück [17]. Hat man zwischen Arbeitsspule und Werkstück einen großen Abstand, so wird die Strombahn im Werkstück breiter und die Stromdichte kleiner. Die Eindringtiefe des Stromes ist vom Abstand zwischen Arbeitsspule und Werkstück unabhängig. Da aber die Energiekonzentration pro Quadratzentimeter Werkstückoberfläche vom Abstand der Arbeitsspule zum Werkstück abhängig ist, kommt die Wärmeleitung im Werkstück mehr zur Wirkung, wenn eine kleinere Energiekonzentration pro Quadratzentimeter Oberfläche vorhanden ist. Dies bedeutet nichts anderes, als daß man hier ein Regulativ zur Veränderung der Einhärtetiefe hat.

Betrachten wir nach Abb. 39 die Verhältnisse:
S ist die Arbeitsspule mit dem Strom J_1 im Abstand a von der Werkstückoberfläche. Die magnetische Feldstärke H, die durch J_1 erzeugt wird, ist, wenn die Spiegelung von J_1 im Werkstück berücksichtigt wird:

$$H_1 = \frac{J_1}{2\pi r} \quad \text{wobei gemäß Abb. 39}$$

$$r = \sqrt{a^2 + x^2} \quad \text{ist.}$$

Es gilt aus Symmetriegründen:

$$H_1 = H_2 \quad \text{und für die wirksame Feldstärke}$$

$$H = 2 H_1 \cdot \cos\varphi = 2\,\frac{a}{r}\,H_1$$

$$H = \frac{2a}{\sqrt{a^2 + x^2}}\,H_1$$

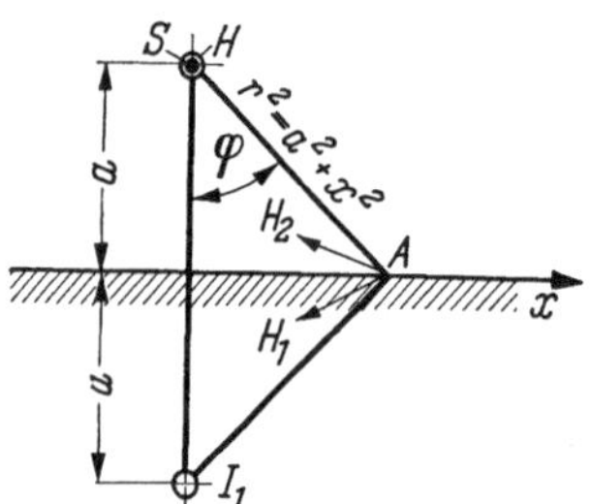

Abb. 39. Arbeitsspule mit Spiegelung am ebenen Werkstück zur Feldberechnung

Die Stromdichte γ im Werkstück bzw. auch in der Arbeitsspule entspricht der Feldstärke H. Es ist dann:

$$\gamma = H = 2 H_1 \frac{a}{r}$$

$$\text{für} \quad H_1 = \frac{J_1}{2\pi r} \quad \text{ist:}$$

$$\gamma = \frac{J_1}{\pi} \cdot \frac{a}{a^2 + x^2}\,.$$

Hierdurch ist die Verteilung der Stromdichte auf der Werkstückoberfläche gegeben. In Abb. 40 sind Kurven der Stromdichte über der Werkstückoberfläche aufgetragen, wobei die Kurven für verschiedene Abstände a der Arbeitsspule gelten. Bei kleinem a erhalten wir im Werkstück eine schmale konzentrierte Strombahn hoher Energiedichte, damit schnelle Erwärmung und geringe Einhärtetiefe, bei großem Abstand a eine breite Strombahn geringerer Energiedichte, damit eine längere Erwärmungszeit, starken Wärmefluß in das Werkstückinnere und größere Einhärtetiefe.

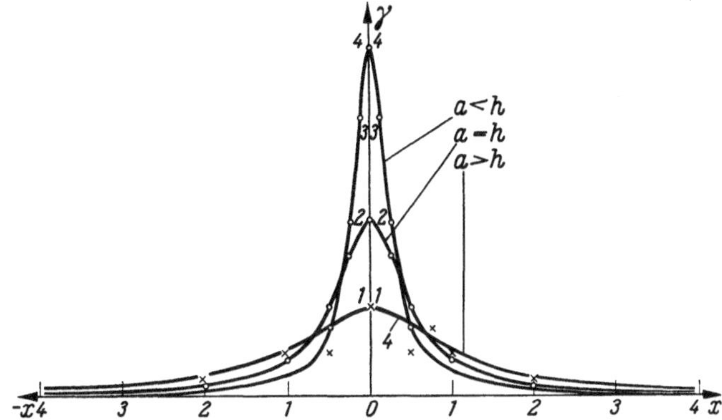

Abb. 40. Stromdichteverteilung auf der Plattenoberfläche unter der Arbeitsspule für verschiedene Abstände a

Dies gilt für eine gestreckte Arbeitsspule (mit einer Windung) über einem ebenen Werkstück. Es gilt auch dann, wenn das Werkstück gekrümmt ist, also beispielsweise bei einem Zylinder, solange der Krümmungshalbmesser groß ist gegen die Stromeindringtiefe im warmen Zustand.

Bei mehrwindigen Arbeitsspulen kann die Feldverteilung durch Überlagern der Einzelfelder jeder Windung gefunden werden [17].

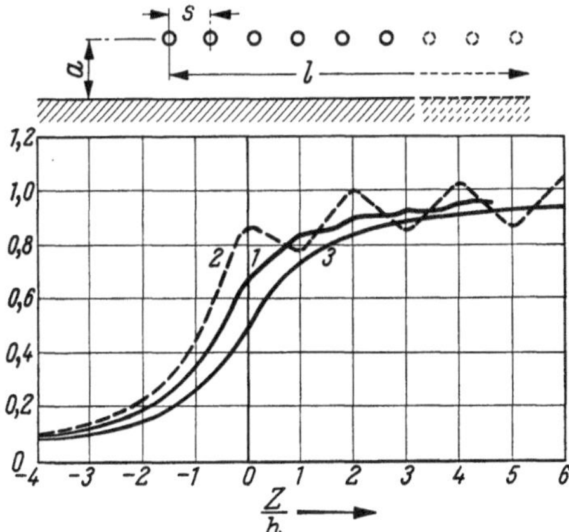

Abb. 41. Stromdichte in einem Werkstück am Ende einer langen Spule
Kurve 1: Ganghöhe s = Abstand a, Kurve 2: Ganghöhe s = Abstand 2a, Kurve 3: Ganghöhe s = 0 (breiter Stromleiter, keine einzelnen Windungen) Abstand vom Werkstück = a

Abb. 41 zeigt die Feldverteilung für eine mehrwindige Arbeitsspule für verschiedene Ganghöhen s und Abstände a. Es ist zweckmäßig, bei solchen

Arbeitsspulen die Ganghöhe s der Windungen kleinzuhalten und dabei den Abstand a (Arbeitsspule-Werkstück) großzumachen.

Die Werkstückkrümmung hat auf die Eindringtiefe einen Einfluß, sobald sie, der Größenordnung nach, mit dem Krümmungsradius ver-

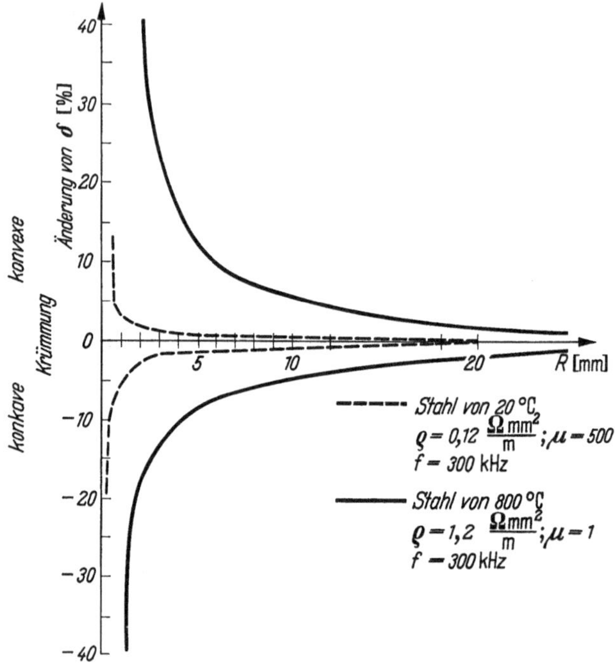

Abb. 42. Prozentuale Änderung der Eindringtiefe δ bei konvexer und konkaver Krümmung, abhängig vom Krümmungsradius, für eine Frequenz von $f = 300$ kHz

gleichbar ist. Abb. 42 zeigt die Abhängigkeit der Eindringtiefe vom Werkstückradius.

Der Leistungsumsatz zwischen Arbeitsspule und Werkstück ist, wenn wir ein Werkstückelement der Breite dx, der Dicke δ und der Länge „Eins" betrachten, beim Strom $J = \gamma\, dx$ durch den Strom J und den Werkstückwiderstand R gegeben:

$$J^2\, R = (\gamma\, d x)^2\, R = \frac{\gamma^2\, dx}{\varkappa\, \delta}\ \text{Watt},$$

dabei ist $R = \dfrac{1}{\varkappa\, q} = \dfrac{1}{\varkappa\, \delta\, dx}$.

Setzt man für γ obigen Ausdruck ein, erhält man für die Leistung dN im Werkstückelement:

$$dN = J^2\, R = \frac{J_1^2}{\pi^2} \cdot \frac{a^2\, dx}{(a^2 + x^2)^2} \cdot \frac{1}{\varkappa\, \delta}$$

Die Gesamtleistung je cm Länge ergibt sich durch Integration:

$$N = \frac{J_1^2 \, a^2}{\pi^2 \, \varkappa \, \delta} \int\limits_{-\infty}^{+\infty} \frac{d\,x}{(a^2 + x^2)^2}, \text{ da Symmetrie vorliegt}$$

$$N = \frac{2\,J_1^2 \, a^2}{\pi^2 \, \varkappa \, \delta} \int\limits_{0}^{\infty} \frac{d\,x}{(a^2 + x^2)^2}\,.$$

Es ergibt sich dann nach der Integration mit den Werten für δ:

$$N = \frac{J_1^2}{a}\, 10^{-2} \, \sqrt{\frac{f\,\mu}{10}} \ \text{Watt}.$$

Dieser Ausdruck für N gilt für die Arbeitsspule wie auch für das Werkstück, wenn die Größen entsprechend eingesetzt werden. Durch Vergleich der Leistung im Werkstück N_w zu der in der Arbeitsspule N_s ergibt sich der Wirkungsgrad der Anordnung „Arbeitsspule-Werkstück":

$$\eta = \frac{N_w}{N_w + N_s} = \frac{1}{1 + \dfrac{a}{r_s} \, \sqrt{\dfrac{\varkappa_w}{\varkappa_s \, \mu_w}}}\,.$$

Für großen Wirkungsgrad η muß der Abstand a zwischen Arbeitsspule und Werkstück klein, der Radius r_s der Arbeitsspule groß sein. Die Leitfähigkeit $\varkappa_s$ des Materials der Arbeitsspule ist so groß wie möglich zu wählen, also als Material: Kupfer bzw. Silber. Die Leitfähigkeit $\varkappa_w$ des Werkstückes ist nicht frei wählbar, sondern allein vom Werkstück abhängig. So kann z. B. bei einem Werkstück aus Kupfer bei einer kupfernen Arbeitsspule, wenn $a = r_s$ ist, kein höherer Wirkungsgrad als 50% erwartet werden. Macht man $a = 0$, so heißt das, daß der Strom dem Werkstück direkt zugeführt wird. Die zugeführte Leistung wird im Werkstück voll umgesetzt, η ist dann gleich eins. Bei Stahl ist, solange dieser nicht über den CURIEpunkt erwärmt wird, ein Wert der relativen magnetischen Permeabilität größer eins vorhanden, d. h. der Wirkungsgrad ist bei der Erwärmung von Stahl bis zum CURIEpunkt relativ hoch, oberhalb des CURIEpunktes sinkt er zunächst, nimmt aber dann mit steigender Temperatur wegen der Temperaturabhängigkeit von $\varkappa_w$ wieder zu.

Bei der Induktionshärtung haben wir es mit kurzen Erwärmungszeiten zu tun. Sie liegen zwischen einigen 10 Millisekunden und einigen Sekunden. Je kürzer die Erwärmungszeiten sind, um so höher muß der im Werkstück induzierte Strom sein. Man kann mit Strömen bis zu maximal 10 000 A rechnen, wobei Stromdichten von etwa 2000 bis 4000 A/mm² in der Arbeitsspule auftreten. Zur Beherrschung derart hoher Ströme sind natürlich besondere Maßnahmen an der Arbeitsspule erforderlich. Trotz der hohen Leitfähigkeit von Kupfer und Silber muß die in der

Arbeitsspule entstehende Verlustwärme mit Wasser abgeführt werden. Eine Oberflächenkühlung mit Wasser genügt nicht, außerdem hätte diese den Nachteil, daß das Werkstück ebenfalls mit Wasser an einer Stelle benetzt wird, an der die Nutzwärme auftreten soll. Man stellt daher die Arbeitsspulen aus Rohren her und kühlt diese mit Wasser.

An die Wasserkühlung der Arbeitsspulen werden bestimmte Anforderungen gestellt. Um 1 kW Verlustwärme je Minute abzuführen, ist eine Wassermenge von

$$V = \frac{14,34\,Q}{\varDelta T} \cdot \frac{l}{\min}$$

notwendig; dies ergibt bei

$$\varDelta T = 20^\circ\,\mathrm{C}, \quad Q = 1\,\mathrm{kW}, \quad V = 0,72\,\frac{l}{\min}\,.$$

Da Arbeitsspulen mit Rohren bis herab zu 1 mm Durchmesser verwendet werden, dies allerdings nur in Ausnahmefällen, ist der freie Rohrquerschnitt bzw. Durchflußquerschnitt nicht groß. Bei einer Arbeitsspule mit 1 mm Außendurchmesser läßt sich ein Innendurchmesser für den Wasserdurchfluß von 0,8 mm gerade noch herstellen. Durch eine solche Arbeitsspule muß z. B. pro Minute 1,2 Liter Wasser fließen, wozu ein Wasserdruck von etwa 16 atü notwendig ist. Dazu ist aber Voraussetzung, daß das verwendete Kühlwasser von gelösten Gasen frei ist, damit sich bei seinem Austritt aus dem engen Rohrquerschnitt keine Gasblasen bilden, sonst würde die Arbeitsspule an diesen Stellen nicht mehr gekühlt und bei dem hohen Stromdurchfluß sofort zerstört werden.

Meist haben Arbeitsspulen einen Außendurchmesser von 3 mm oder mehr, wobei dann wenigstens lichte Rohrdurchmesser von 2 mm vorhanden sind. Hier ist die Kühlung verhältnismäßig einfach, und es genügt ein Wasserdruck von 4 bis 8 atü. Man erzielt Wasserdurchflußmengen von etwa 3 bis 10 Litern pro Minute, meist genügen 2,5 bis 3,5 Liter pro Minute.

Die Arbeitsspulen selbst müssen mechanisch stabil sein, daher wird man stets Leitermaterial mit einer gewissen Mindestwandstärke verwenden. Darüber hinaus kann man die Arbeitsspulen in Kunstharz eingießen.

Die bisherige Betrachtung gibt einen Überblick über die Vorgänge zwischen Arbeitsspule und Werkstück, d. h. über die Energieumsetzung, die letzten Endes zu der Erwärmung des Werkstückes führt. Die Betrachtungen haben wir allerdings nur für ein kurzes Stück der Arbeitsspule angegeben. Es ist aber in Wirklichkeit so, daß man dieses Arbeitsspulenstück, was wir bisher betrachtet haben, ausdehnen und in den meisten praktischen Fällen auf jede beliebige andere Form anwenden kann. Die einfachste Arbeitsspule ist, wie schon erwähnt, kreisförmig gebogen. Damit kann z. B. eine Welle induktiv erwärmt und anschließend gehärtet werden. Gemäß ihren Abmessungen wird die zur Erwärmung notwendige elektrische Leistung festgelegt. Diese Leistung ist nicht nur vom Durch-

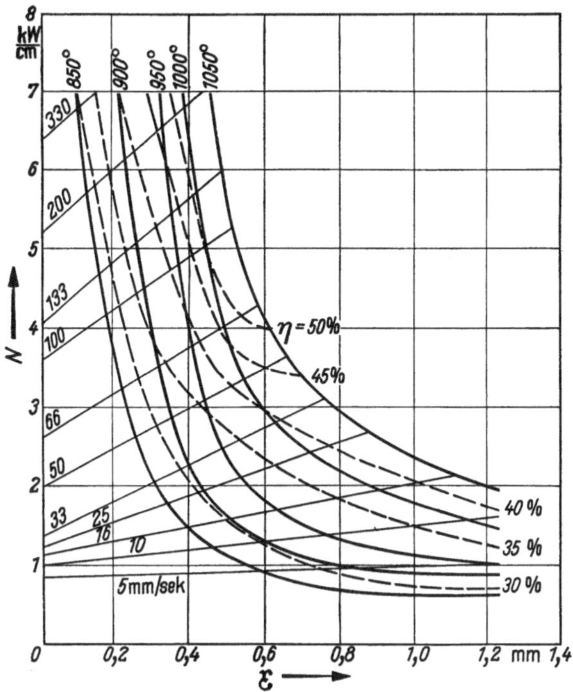

Abb. 43a. Diagramm zur Ermittlung der Einhärtetiefe bei Stahl mit A_{c_3}-Punkt 780° bis 800° C und einer Frequenz von 550 kHz (die Kurven sind gerechnet). Die Kurven für η geben den Verlauf des thermischen Wirkungsgrades an

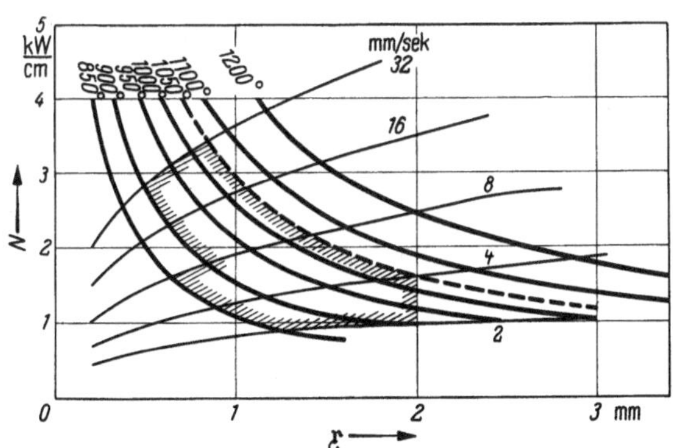

Abb 43b. Diagramm zur Ermittlung der Einhärtetiefe für den Stahl C45, Ck45 und angenähert C60. Der schraffierte Bereich soll der für die Härtung bevorzugt verwendete Bereich sein. Die Kurven sind experimentell bestimmt

messer der Welle abhängig, sondern auch von der Einhärtetiefe. In Abb. 43a ist ein Diagramm angegeben, das die Leistung pro Zentimeter

Arbeitsspulenlänge bzw. Werkstücklänge angibt, die notwendig ist, um bei einer bestimmten Oberflächentemperatur eine bestimmte Einhärtetiefe zu erreichen [18].

Das Diagramm der Abb. 43a ist berechnet worden, und zwar ist dabei die vereinfachte Differentialgleichung der Wärmeleitung, d. h. die Differentialgleichung für die eindimensionale Wärmeleitung unter Berücksichtigung exponentiell nach dem Innern des Werkstückes verteilter Wärmequellen berücksichtigt. Diese Differentialgleichung ist nach dem Differenzenverfahren von E. Schmidt gelöst worden. Das Diagramm gilt nur für das Werkstück, wobei Übertragungsverluste der Arbeitsspule nicht berücksichtigt sind. Das Diagramm Abb. 43b ist experimentell mit einer Arbeitsspule aus Kupferrohr 3×4 mm Außenabmessungen und einem Abstand zwischen Arbeitsspule und Werkstück von 2 mm aufgenommen worden, und zwar mit einem Werkstück von 25 mm Durchmesser. Als Material wurde C45, Ck45 und C60 gewählt. Die Temperatur wurde dabei mit aufgeschweißten Thermoelementen oszillographisch ermittelt. Die Leistung des Generators wurde kalorimetrisch gemessen. Die an der Ordinate des Diagramms angegebene Leistung ist auf die Eingangsklemmen der Arbeitsspule bezogen und gilt pro Zentimeter Arbeitsspulenlänge, daher auch die Leistungsangabe in kW/cm. Als Parameter in dem Diagramm sind, wie auch in Abb. 43a, verschiedene Temperaturen und Vorschubgeschwindigkeiten eingetragen. Bei den Untersuchungen hat sich gezeigt, daß der Unterschied zwischen C45 und C60 nur gering ist und bei C60 sich in der Einhärtetiefe bei Temperaturen zwischen 850° und 900° C etwas kleinere Werte ergeben als bei C45 und bei höheren Temperaturen, d. h. bei 1000° und 1100° C, die Werte bei Leistungen über 2 kW/cm nahezu gleich sind, während bei Leistungen unter 2 kW/cm sich Verschiebungen und bei C60 noch größere Einhärtetiefen ergeben, und zwar bis zu etwa 20%. In Abb. 43b ist ein schraffiertes Gebiet eingetragen. Dieses Gebiet soll bei der praktischen Ausführung einer induktiven Härtung nach Möglichkeit verwendet werden. Es ist nach oben durch die Vorschubgeschwindigkeit begrenzt, nach rechts durch die Temperatur von 1050° C, die nicht bzw. nur in Ausnahmefällen überschritten werden soll sowie durch die Einhärtetiefe von maximal 2 mm, nach unten durch die Vorschubgeschwindigkeit von 2 mm/sek und nach links durch die Temperaturkurve von 850° bzw. 900° C. Bei Geschwindigkeiten über 8 mm/sek soll wegen der geringen Umwandlungsfreudigkeit der Stähle nicht mit kleineren Temperaturen als 900° C gearbeitet werden. Die letzten Angaben sind Richtlinien, die unter gewissen Umständen abhängig vom Material (Chromstähle) [13] oder von der Form des Werkstückes (z. B. bei bandförmigen Werkstücken können wesentlich höhere Vorschubgeschwindigkeiten in Frage kommen), außer acht gelassen werden können.

3.2 Einfache Arbeitsspulen und ihre Herstellung

Zunächst soll der praktische Fall betrachtet werden, daß die Arbeitsspule an einen Ausgangstransformator des Generators angeschlossen wird. Dieser Anschluß muß zweckmäßig und leicht zu handhaben sein.

Es gibt verschiedene Möglichkeiten, die Arbeitsspule mit der Sekundärwicklung, d. h. den Klemmen des Ausgangstransformators, zu verbinden. Eine früher viel und zum Teil auch heute noch angewendete Möglichkeit ist das direkte Verlöten der Arbeitsspule mit den Ausführungen des Ausgangstransformators. Eine weitere Möglichkeit ist, die Arbeitsspule über Konusanschlüsse mit der Sekundärwicklung des Ausgangstransformators zu verbinden. Die Sekundärwicklung des Ausgangstransformators trägt hierzu Anschlußbacken mit konischen Bohrungen, durch die gleichzeitig das Kühlwasser der Arbeitsspule geschickt wird. Der Anschluß mit konischen Anschlußstücken erlaubt, die Arbeitsspule schnell und leicht zu wechseln. Er hat aber gleichzeitig den Nachteil, daß die Arbeitsspule meist nur mit Kraftaufwand von dem Transformator gelöst werden kann und sich ihre Form dabei mehr oder weniger stark ändert. Ferner nimmt der elektrische Widerstand zwischen Transformatoranschlußstück und Konus an der Arbeitsspule mit der Zeit infolge Oxydation des Kupfers und Verschmutzung durch den Betrieb zu. Das Reinigen der Kontaktstellen ist daher von Zeit zu Zeit erforderlich, die Form des Anschlußkonus bleibt nicht beständig. Man hat daher diese Form der Anschlüsse wieder verlassen und verwendet nun meist Schraubverbindungen, um Arbeitsspulen an dem Transformator zu befestigen. Diese können jederzeit gelöst werden und haben nicht die Nachteile der Konusanschlüsse. Man muß aber bei Schraubverbindungen bezüglich der Leitungsführung gewisse Anforderungen beachten. Einmal dürfen sich die Kanten der Überwurfmuttern nicht gegenüberstehen, da es dadurch zwischen diesen zu einer Abstandsverkleinerung kommt und entlang der Kanten ein starker Strom fließt, der u. U. zum Abschmelzen der Überwurfmuttern führt. Die Ausgangsklemmen des Transformators sollen bei diesen Verbindern möglichst weit auseinander liegen. Dies vergrößert allerdings die Induktivität im Kreis der Arbeitsspule und damit den induktiven Widerstand. Der Spannungsbedarf auf der Sekundärseite des Transformators steigt dadurch.

Eine andere Anschlußart hat sich in der Form von Klemmbacken gut bewährt. Diese ist in 2 Ausführungsformen in Abb. 44[1] und 45a und b dargestellt. Die Klemmenbacken haben eine großflächige Berührung zwischen Transformatorklemmen und Spulenanschluß. Außerdem können sie mechanisch so ausgebildet werden, daß Deformationen der Arbeitsspulen beim Lösen bzw. Anschrauben nicht eintreten. Ebenso wie bei

---

[1] DBP 854552.

5*

den Konus- und Schraubanschlüssen werden auch diese Anschlußbacken von der Sekundärseite des Transformators her einschließlich der Arbeitsspule mit Kühlwasser versorgt. Die Anschlußbacken sind meist aus Massivkupfer hergestellt und gestatten, die Arbeitsspule entweder in der Mitte oder am rechten bzw. linken Ende der Backen hart anzulöten.

Eine Arbeitsspule besteht stets aus Kupfer- bzw. Silberrohr. Die Abmessungen dieser Rohre können verschieden sein. Die am meisten verwendeten Arbeitsspulenrohre haben entweder einen Durchmesser von 3 mm bei kreisrundem Querschnitt oder einen rechteckigen Querschnitt von 2×4 mm² bzw. 3×5 mm². Die rechteckigen Rohre können mit ihrer schmalen bzw. breiten Seite mit dem Werkstück gekoppelt werden. Die Arbeitsspule hat dann den höheren Wirkungsgrad, wenn ihre breite Seite dem Werkstück gegenübersteht.

Abb. 44. Arbeitsspulenanschluß mit Klemmbacken und getrennter Kühlmittelzufuhr (Werkbild BBC) nach DBP 854552

a   b

Abb. 45. Arbeitsspulenanschluß am Hochfrequenz-Transformator mit aufschraubbaren Klemmbacken und gleichzeitigem Kühlmittelanschluß (Werkbild AEG-Elotherm)
a) (linkes Bild) Arbeitsspule gelöst, b) (rechtes Bild) Arbeitsspule am Transformator angeschlossen

Haben wir z. B. für eine Welle von 20 mm Durchmesser eine kreisrunde Arbeitsspule zur Vorschubhärtung herzustellen, so muß zunächst der Abstand zwischen Arbeitsspule und Werkstück festgelegt werden. Meist wählt man einen möglichst kleinen Abstand, z. B. 1,5 bis 2 mm.

Das heißt also, bei einem Abstand von 2 mm muß der Innendurchmesser der Arbeitsspule 24 mm betragen. Vor dem Biegen der Kupferrohre werden diese weichgeglüht und mit Kolophonium gefüllt, um beim Biegen ein Einknicken der Rohre zu vermeiden. Das mit Kolophonium gefüllte Rohr wird nun um einen Wickeldorn[1] gewickelt, so daß der geforderte Durchmesser von 24 mm eingehalten wird.

Hat die Arbeitsspule nur eine Windung, so wickelt man etwa $1^1/_4$ Windungen um den Dorn (Abb. 46b) und zieht die so vorgeformte Spule ab. Ihre Zuführungen werden anschließend in einer Vorrichtung gebogen

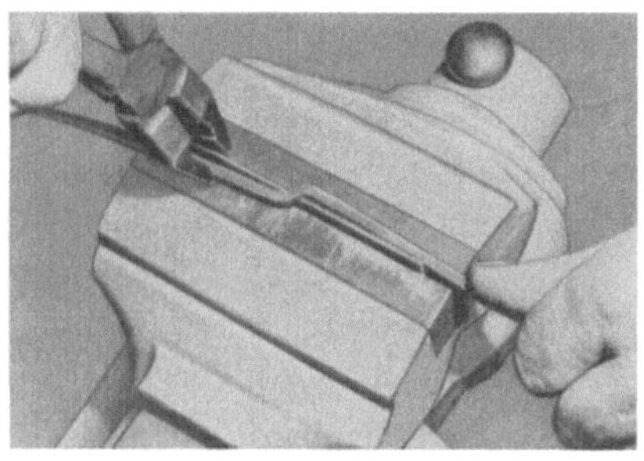

a   b

Abb. 46. Vorrichtung zum Biegen von Arbeitsspulen (links, Biegen einer Anschlußkrümmung bzw. einer Windungsstufe) (rechts, Biegen der Spule am Stufendorn)

(Abb. 46a). Die Zuführungen werden dann auf Länge geschnitten, anschließend wird die fertige Arbeitsspule ausgeglüht, wobei das Kolophonium ausschmilzt und verdampft, ohne Rückstände zu bilden. Nun kann die Arbeitsspule mit den Anschlußbacken verbunden werden. Die Verbindung erfolgt durch Hartlöten mit Silberlot. Weichlötungen sind zu vermeiden, da sie auf die Dauer nicht beständig sind und außerdem einen hohen Energieverlust bringen.

Sind die Verbindungsleitungen zwischen Arbeitsspule und Anschlußbacke verhältnismäßig kurz, so kann das für die Arbeitsspule verwendete Rohr direkt eingelötet werden. In jedem Falle ist es aber besser, die Anschlußrohre mindestens auf 6 bis 8 mm Durchmesser zu verstärken. Es kann dies in Stufen geschehen. An der Anschlußbacke wird z. B. ein Rohr mit 8 mm Durchmesser eingelötet, in dieses Rohr wird ein solches mit 6 mm Durchmesser eingelötet und erst in dieses 6 mm-Rohr die Arbeitsspule. So erhält man einen möglichst kleinen Verlustwiderstand zwischen Anschlußbacke und wirksamer Arbeitsspule. Auch wird die schädliche Induktivität dadurch klein gehalten.

---

[1] Um für verschiedene Arbeitsspulen-Durchmesser entsprechend dicke Dorne immer zur Hand zu haben, wird man Stufendorne (Abb. 46b) anfertigen, die entsprechende Durchmesser von 0,5 zu 0,5 mm gestuft und Stufenlängen von etwa 20 mm haben.

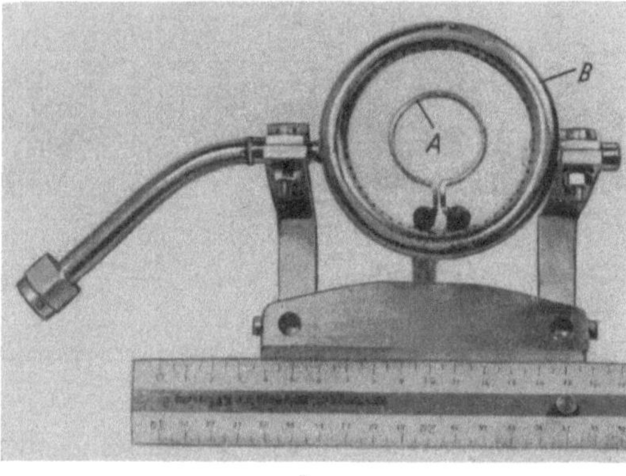

Abb. 47. Arbeitsspule mit Ringbrause aus Kupferrohr mit gebohrten Löchern
a) auswechselbare Ringbrause mit getrennter Arbeitsspule,
b) Arbeitsspule und Arbeitsbrause als Einheit

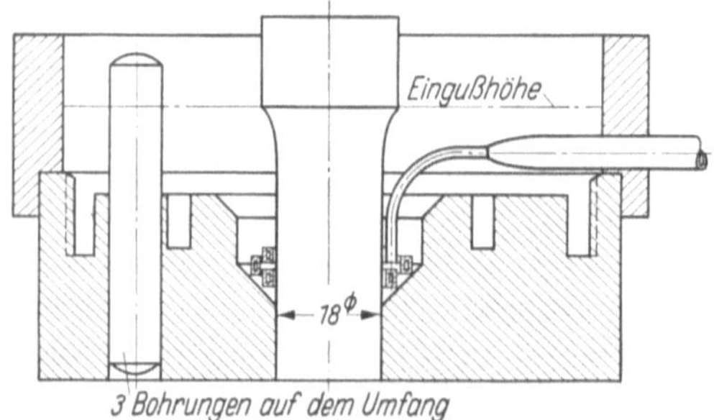

Abb. 48. Gießform für kombinierte Arbeitsspulen und Brausen
für Kunstharzguß

Es gehört zu dieser Arbeitsspule noch eine entsprechende Brause zum Abschrecken der Werkstücke. Diese Brause kann aus Kupferrohr gebogen werden, das etwa den doppelten Durchmesser der Arbeitsspule hat. In dieses Kupferrohr werden Löcher gebohrt, durch die das Abschreckmittel austritt, und zwar sollen diese Löcher so angebracht sein, daß der Auftreffwinkel für das Kühlmittel am Werkstück kleiner als 45° ist. Der Durchmesser der Brausenlöcher soll nicht kleiner als 0,7 mm sein und möglichst nicht größer als 1,2 mm. Derartige Arbeitsspulen mit Ringbrausen, Abb. 47 a und b, werden gern für Härtearbeiten verwendet, wo ein häufiger Wechsel des Werkstückes nach Größe und Durchmesser erforderlich ist. Für die Serienfabrikation verwendet man besser Arbeitsspulen, die mechanisch stabil und unempfindlich sind und mit der Abschreckeinrichtung eine Einheit bilden. Mit Hilfe der heute üblichen

Gießkunstharze (Epoxydharze) lassen sich Arbeitsspulen in Formen gießen, wobei gleichzeitig die Brausen mit angegossen werden. Die Brausen selbst werden nachgearbeitet und haben verstellbare Schlitze, aus denen das Abschreckmittel austritt. In Abb. 48 ist eine Stahlform gezeigt, die für eine Arbeitsspule von 18 mm Durchmesser gedacht ist und mit der gleichzeitig der Innenraum der Brause beim Gießen geformt wird. Bei dieser Art der Arbeitsspulen wird allerdings ein Gießkunstharz mit Quarzzusatz verwendet. Dieser Quarzzusatz gibt dem Kunstharz eine größere Wärmeleitfähigkeit und damit Unempfindlichkeit gegen die Wärmestrahlung des Werkstückes. Gleichzeitig hat der Formling am Außenrand ein Gewinde, das in die Gießform eingedreht wurde. Das Gewinde ist bei dem verwendeten Gieß-kunstharz wegen des sehr geringen Schwindens so formgenau, daß der Brausendeckel ein gedrehtes Gewinde erhalten kann. Abb. 49 zeigt eine derartige Arbeitsspule. Statt einwindiger können auch zwei- bzw. dreiwindige Arbeitsspulen Verwendung finden. Man braucht diese bei Vorschubhärtungen für große Einhärtetiefen, bei Standhärtungen schmaler Bezirke oder aber, um eine bessere Symmetrie des Feldes innerhalb der Arbeitsspule zu erzielen. Das Feld einer einwindigen Arbeitsspule ist infolge ihrer Zuleitungen unsymmetrisch. Mehrwindige Ar-

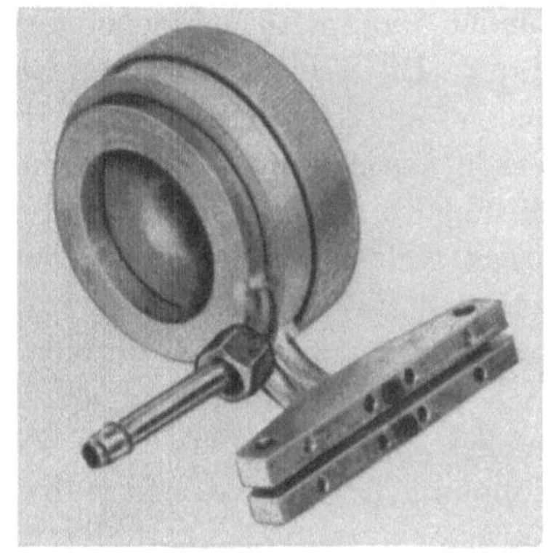

Abb. 49. Arbeitsspule mit einstellbarer Ringbrause aus Gießkunstkarz. In der Form nach Abb. 48 gegossen

beitsspulen werden aber auch dann verwendet, wenn der übertragene Werkstückwiderstand einer einwindigen Arbeitsspule zu klein ist. Man erhält bei mehrwindigen Arbeitsspulen im allgemeinen einen höheren Wirkungsgrad. Mehrwindige Arbeitsspulen stellt man am besten aus rechteckigen Rohren her und wickelt diese hochkant mit möglichst geringem Abstand. Um diesen genau einhalten zu können, wird man zwischen die einzelnen Windungen Isolationszwischenlagen, z. B. aus Glimmer, legen. Diese Arbeitsspulen sollen nach Möglichkeit in Kunstharz eingegossen werden, damit ihre Form auch während des Betriebes konstant bleibt. Infolge der starken Ströme in der Arbeitsspule werden Kräfte auf ihre Windungen einwirken und versuchen, diese zusammenzuziehen. Bei kleinen Windungsabständen können Kurzschlüsse auftreten, wenn eine Abstützung der einzelnen Windungen fehlt. Bei größeren Abständen können dadurch Fehlergebnisse durch Deformation der Arbeitsspule infolge magnetischer Kräfte auftreten, z. B. haben auch Werkstückdurchmesseränderungen, insbesondere bei konischen Werkstücken oder bei Werkstücken mit eingefrästen Ringnuten, Stromänderungen in der Arbeitsspule zur Folge, wodurch die Länge mehrwindiger

Arbeitsspulen in Achsrichtung variabel wird, so daß die Energiezufuhr pro Quadratzentimeter schwankt und man verschiedene Einhärtetiefen erhält.

3.3 Spezielle Arbeitsspulen und ihre Herstellung

Im folgenden sollen spezielle Arbeitsspulen besprochen werden, wie sie vor allem in der Serienproduktion benutzt werden und wie sie bei komplizierten Werkstücken Anwendung finden.

Meist wird in der induktiven Härtetechnik die Vorschubhärtung verwendet, nur in Ausnahmefällen macht man von der Standhärtung Gebrauch. Die Arbeitsspulen können, wie besprochen, ringförmige Arbeitsspulen mit Brausen sein. Zur Härtung ebener Flächen können aber auch gerade ausgestreckte Arbeitsspulen Verwendung finden. Bei der Ausführung von Arbeitsspulen sind sämtliche Formen zwischen der gerade ausgestreckten und der kreisförmig gebogenen Arbeitsspule möglich. Sie müssen stets dem Werkstück angepaßt werden. Es können daher in der Praxis sehr komplizierte Formen auftreten. Auch können solche Spulen noch spezielle Funktionen erfüllen: wenn an einem Teil des Werkstückes eine besonders tiefe Einhärtung gewünscht wird, kann die Kopplung, d. h. der transformatorische Effekt zwischen Arbeitsspule und Werkstück, dadurch vergrößert werden, daß der Spule an bestimmten Stellen oder über ihre ganze Ausdehnung Hochfrequenzeisenkerne beigegeben werden, wodurch eine Feldführung und Kopplungsverstärkung an diesen Stellen eintritt. Aussparungen der Härteschicht auf dem Werkstück kann man durch Kupferabdeckungen oder durch eine an der entsprechenden Stelle verringerte Kopplung zwischen Arbeitsspule und Werkstück erreichen. Dies läßt sich durch Vergrößern des Abstandes zwischen Werkstück und Arbeitsspule oder aber mit Hilfe von Leitflächen auf der Arbeitsspule erzielen, so daß die Energiedichte an der entsprechenden Stelle des Werkstückes nicht mehr den Wert erreicht, um das Werkstück auf die Härtetemperatur zu erwärmen.

Abb. 50. Konzentrator zur Innenhärtung großer Hohlkörper mit Verlauf der magnetischen Feldlinien

In der Praxis gibt es Fälle, in denen eine Arbeitsspule in der bisher beschriebenen Art nicht verwendet werden kann oder aber ihr Einsatz auf große Schwierigkeiten bei der mechanischen Führung der Werkstücke stößt. Hier verwendet man statt der üblichen Arbeitsspulen spezielle Transformatoren, die unter dem Namen „Konzentrator" bekannt sind. Diese haben eine Primärwicklung mit mehreren Windungen und eine Sekundärwicklung bzw. -windung, die der Form des Werkstückes angepaßt ist. Die Primärwicklung kann für direkten Anschluß an den Generator ohne Zwischentransformator ausgelegt sein, kann aber auch mit einem Transformator Verwendung finden. In Abb. 50 ist das Prinzip eines derartigen Konzentrators mit eingezeichneten Feldlinien

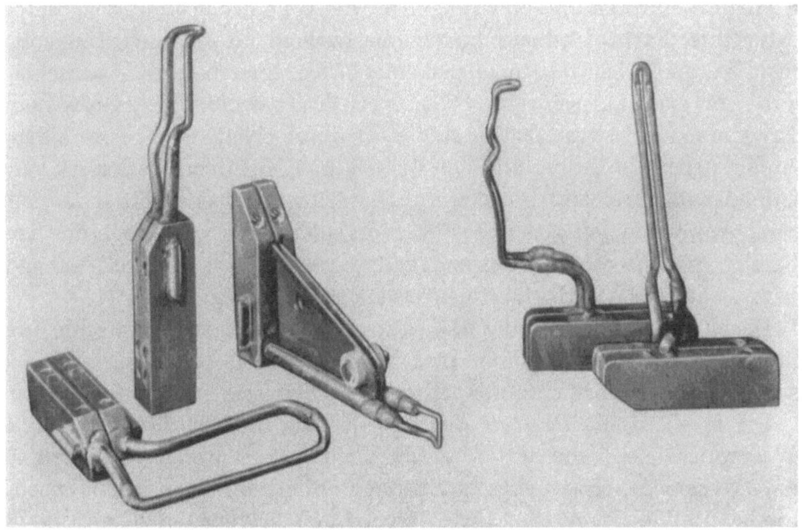

Abb. 51. Arbeitsspulen besonderer Form zum Härten nach dem Linien- bzw. Standverfahren

dargestellt. Man verwendet derartige Konzentratoren z. B. zum Härten von Hohlzylindern, bei der konturengetreuen Allzahnhärtung von Zahnrädern und Keilwellen oder bei der Härtung von Nockenwellen. Man kann einen Konzentrator auch zur induktiven Erwärmung von einfachen Wellen oder zylindrischen Körpern benutzen, was aber infolge des schlechteren Wirkungsgrades von Konzentratoren unrentabel ist. In Abb. 51 sind einige Arbeitsspulen besonderer Form gezeigt.

3.4 Prüfverfahren für Arbeitsspulen

Ist eine Arbeitsspule angefertigt, soll zunächst eine thermoelektrische Prüfung den Nachweis erbringen, ob das Werkstück richtig erwärmt wird. Hierzu spannt man die Arbeitsspule und das Werkstück auf eine Vorrichtung und kann nach zwei Verfahren eine elektrische Abbildung der Arbeitsspule auf dem Werkstück erreichen. Das eine Verfahren ist rein elektrisch-wärmetechnisch und wird folgendermaßen durchgeführt:

Man gibt einen kurzen starken Hochfrequenzimpuls vom Generator aus über die Arbeitsspule auf das Werkstück. Das blanke Werkstück wird erwärmt, und es entstehen auf ihm Anlauffarben. Diese sind eine getreue Abbildung der Strombahn im Werkstück und geben daher Auskunft über die Funktion einer Arbeitsspule.

Das zweite Verfahren arbeitet ebenfalls mit einem aber schwachen Hochfrequenzimpuls. Das Werkstück wird dazu an der zu prüfenden Stelle mit einer Thermoumschlagfarbe, die bei einer bestimmten Temperatur ihre Farbe bleibend ändert, bestrichen. Gewöhnlich verwendet man Thermofarben mit möglichst hohem Kontrast beim Farbumschlag, z. B. von grün auf schwarz. Diese spezielle Thermofarbe erfordert eine Erwärmung auf etwa 200° bis 220° C. Dadurch erhält man besser als mit Anlauffarben die Abbildung der Arbeitsspule auf dem Werkstück, und kann danach ihre elektrische, wie auch wärmetechnische Güte beurteilen. Sind Abweichungen gegenüber der vorgeplanten Erwärmungszone vorhanden, so muß die Arbeitsspule entsprechend mechanisch nachgebogen bzw. elektrisch mit Hochfrequenzeisenkernen korrigiert werden.

Die elektrischen Werte der Arbeitsspule, ihre Selbstinduktion, wie auch ihr Hochfrequenzwiderstand, sind zu prüfen. Die Hochfrequenzwiderstandsprüfung führt man mit Hilfe einer elektrischen Gütemessung aus.

Die mechanische Prüfung der Arbeitsspule umfaßt die Prüfung der Wasserdichtigkeit und der Wasserdurchflußmenge, wobei am besten mit zwei verschiedenen Drücken gearbeitet werden soll. Auch ist die mechanische Maßhaltigkeit der Arbeitsspulen einer genauen Kontrolle zu unterziehen. Je genauer die Arbeitsspulen ausgeführt werden, desto besser reproduzierbare Ergebnisse sind bei einer Härtung zu erwarten.

4 Charakteristische Härtebeispiele

4.1 Wellen und Bolzen

Die einfachste Härteaufgabe ist, eine Welle aus Stahl gleichbleibenden Durchmessers von Anfang bis Ende zu härten. Hierzu wird eine ringförmige Arbeitsspule, wie bereits in Kapitel 3.2 besprochen, verwendet. Zur Durchführung der Härteaufgabe wird das Werkstück in einer Vorrichtung gehaltert, in Achsrichtung mit gleichbleibender Geschwindigkeit relativ zur Arbeitsspule bewegt und nach Möglichkeit um seine Achse gedreht. Die Drehzahl muß so groß sein, daß mit Sicherheit auf dem Werkstück kein „Gewinde" gehärtet wird. In Abb. 52a ist die prinzipielle Anordnung dieser Härteaufgabe gezeigt. Vom Hochfrequenzgenerator wird über den Anpassungstransformator der Arbeitsspule die hochfrequente elektrische Energie zugeführt, so daß eine ringförmige Zone auf dem Werkstück auf Härtetemperatur erwärmt wird. Der AC3-Punkt muß mit Sicherheit überschritten werden, und zwar mehr als dies bei der Einsatzhärtung oder der Salzbadhärtung der Fall ist. Im allgemeinen liegen die Oberflächentemperaturen für die induktive Erwärmung bzw. induktive Härtung etwa um 150° bis 200° C höher.

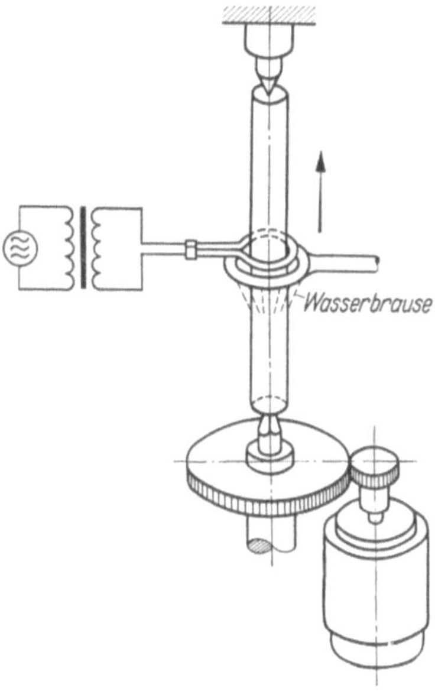

Abb. 52a. Prinzip einer induktiven Vorschubhärtung

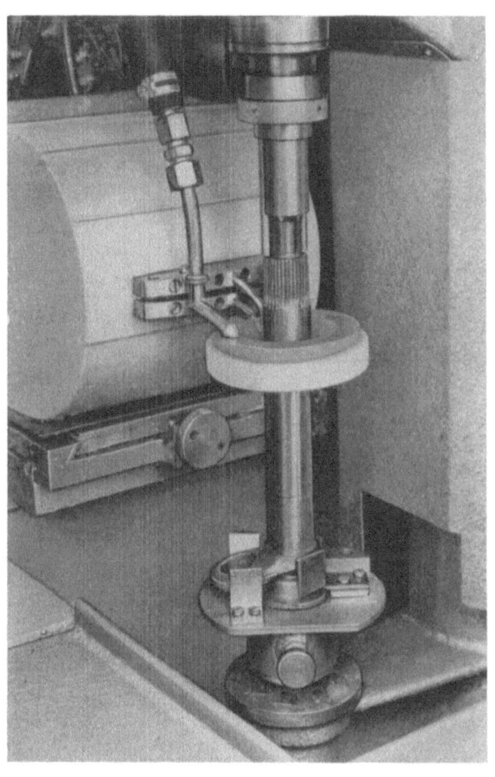

Abb. 52b. Ausgeführtes Beispiel. Vorschubhärtung einer Welle

Im Anschluß an die Erwärmung wird das Werkstück sofort abgeschreckt. Das Abschreckmittel wird über eine Brause dem Werkstück zugeführt. Meist wird als Abschreckmittel temperiertes Wasser verwendet oder Wasser mit Emulsionszusätzen. Hat das Werkstück die Arbeitsspule und die Brause durchlaufen, so kann es aus der Vorrichtung entnommen werden, diese wird in ihre Ausgangsstellung zurückgeführt und ist für das nächste zu härtende Werkstück frei. Abb. 52b zeigt ein praktisches Anwendungsbeispiel. Hier ist die Arbeitsspule und Abschreckbrause zu einer Einheit zusammengefaßt.

Für die induktive Oberflächenhärtung ist der Anfang und das Ende des Werkstückes von besonderer Bedeutung. Am Beginn der Härtung, d. h.

also am Anfang des Werkstückes, muß ein bestimmter Einsatzpunkt für die Hochfrequenzenergie vorgesehen werden. Man kann die Hochfrequenzenergie bereits der Arbeitsspule zuführen, wenn das Werkstück sich noch nicht in ihr befindet (Abb. 53). In diesem Falle wird der Rand des Werkstückes stark erwärmt, und zwar auf eine wesentlich höhere Temperatur als für die Härtung notwendig (Abb. 53a). Das führt dazu, daß am Rande das Werkstück tiefer eingehärtet wird. Diese Randtiefenhärtung kann im späteren Gebrauch des Werkstückes zu Ausschuß führen, da einmal der Rand stark überhitzt wurde, und zum zweiten die Härteschicht relativ dick und dadurch Rißneigung vorhanden ist, vor allem dann, wenn der Stahl, der für das Werkstück verwendet wurde, in dieser Beziehung empfindlich ist. Man soll möglichst einen anderen Anfangspunkt für die Härtung wählen, nämlich denjenigen, an dem der Rand des Werkstückes zur Hälfte in die Arbeitsspule hineinragt (Abb. 53b). Dies hat zwar am Rand eine vielleicht etwas dickere Härteschicht zur Folge als in der Mitte des Werkstückes, was aber wesentlich angenehmer ist als beim ersten Verfahren. Ein weiteres Verfahren ist folgendes: Das Werkstück taucht gerade so weit in die Arbeitsspule ein, daß Arbeitsspule und Rand des Werkstückes miteinander abschließen (Abb. 53c). Die Härteschicht nimmt dann vom Rand in Achsrichtung des Werkstückes gesehen langsam auf ihre geforderte Dicke zu. Meistens ist diese Art Härteschicht günstiger.

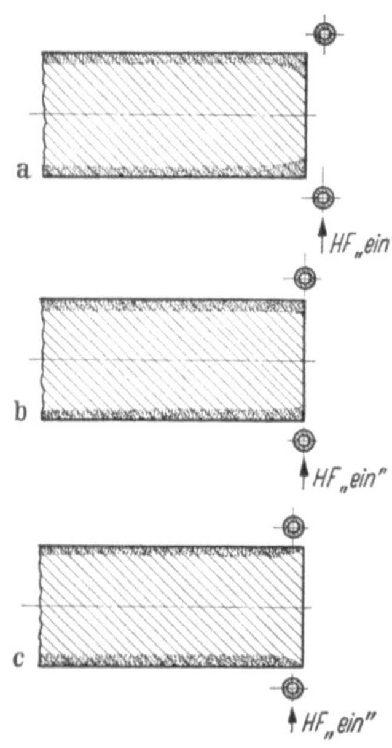

Abb. 53. Arbeitsspulenstellung zum Werkstück beim Einschalten der HF-Energie und entsprechende Härteschicht im Werkstück

Eine weitere Möglichkeit ist: Das Werkstück im Stand aufzuwärmen, bis die Härtetemperatur erreicht ist und dann erst mit der vorgesehenen Vorschubgeschwindigkeit über das Werkstück wegzufahren. In einem solchen Falle läßt man am Anfang das Werkstück etwas durch die Arbeitsspule hindurchstehen, z. B. um die halbe Arbeitsspulenbreite.

Die Vorschubgeschwindigkeit richtet sich nach dem Durchsatz, ferner muß die geforderte Einhärtetiefe berücksichtigt werden, und daraus ergibt sich die notwendige Hochfrequenzleistung. Bei zylindrischen Werkstücken kann man bei einer Einhärtetiefe von etwa 0,7 bis 0,8 mm und einer Vorschubgeschwindigkeit von 25 mm pro Sekunde mit einer Hochfrequenzleistung von 15 kW/cm Werkstückdurchmesser rechnen. Bei einer größeren Einhärtetiefe muß langsamer gefahren bzw. eine höhere Leistung aufgebracht werden. Es empfiehlt sich aber, bei größerer Einhärtetiefe immer mit kleinerer Vorschubgeschwindigkeit zu arbeiten und die Oberflächentemperatur nicht höher als normal zu wählen. Es ergeben sich dann bei größerer Einhärtetiefe kleinere Leistungsdichten. Insbesondere wird es bei Einhärtetiefen über 1 mm und darüber hinaus zweckmäßig sein, mit mehrwindigen Arbeitsspulen zu arbeiten. Diese Arbeitsspulen können in ihren Windungen auch verschiedene Durchmesser haben, besonders bei Einhärtetiefen von 2 bis 4 mm (Abb. 54). Im Einlaufgebiet der Arbeitsspule ist dann im Durchmesser jede Windung größer als die darauffolgende, so daß ein Vorwärmgebiet entsteht, das eine tiefe Erwärmung des Werkstückes zur Folge hat.

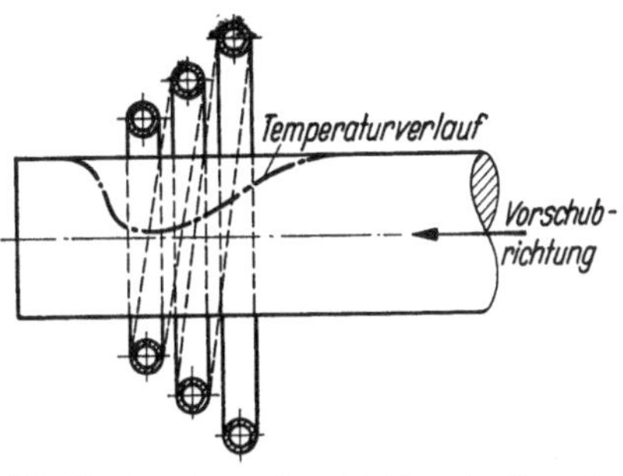

Abb. 54. Anordnung der Arbeitsspule für dicke Härteschichten (> 2 mm) bei Hochfrequenz-Erwärmung mit angedeutetem Temperaturverlauf

Auch Wellen mit ungleichmäßigem Durchmesser, z. B. mit eingefrästen Längsnuten, können ohne Schwierigkeiten induktiv gehärtet werden. Gerade bei Längsnuten sind aber die Kanten der Nuten besonders durch Überhitzung gefährdet, da sich an ihnen der Strom stark zusammendrängt und dementsprechend starke Erwärmung auftritt. Man füllt die Nuten deshalb mit Kupferleisten aus. Diese verhüten eine Überhitzung der Nutkante, vermeiden aber auch eine Härtung innerhalb der Nut.

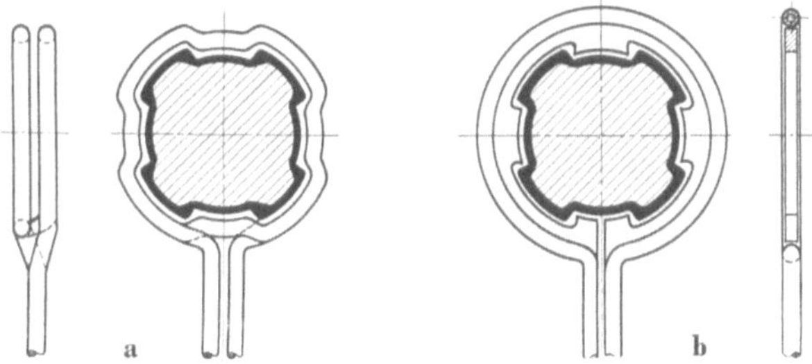

Abb. 55. Arbeitsspule für Keilwellen
a) angepaßte Rohrspule mit 2 Windungen, b) angepaßte Blendenspule (1 Windung)

Sollte jedoch verlangt werden, daß auch die Nut mitgehärtet wird, so sind Arbeitsspulen mit möglichst großem Abstand oder mit 2 bzw. 3 Windungen vorteilhaft. Sind die Nuten breit genug, daß Arbeitsspulen innerhalb der Nuten verlegt werden können, wie z. B. bei Keilwellen, so wird man sie dem Werkstück anpassen und eine Vorschubhärtung ohne Rotation durchführen. In Abb. 55 sind zwei derartige Arbeitsspulen gezeigt, wobei die Spule *a* aus Rohr geformt und der Nut bzw. der Welle angepaßt ist, während die Spule *b* ein ringförmiges Rohr hat, auf das eine

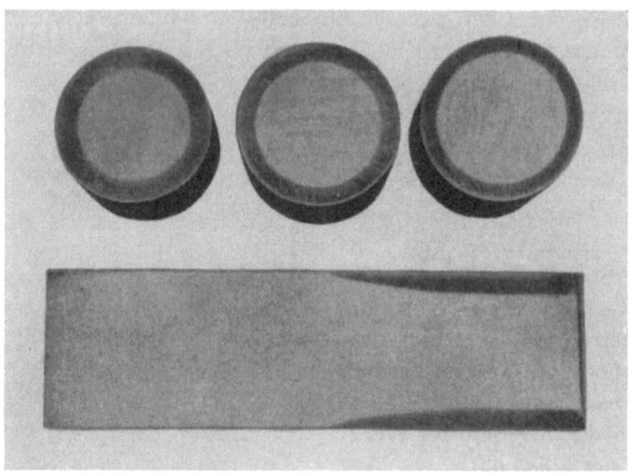

Abb. 56. Härteschicht an einem Bolzen im Längs- und Querschliff, an verschiedenen Stellen geschnitten. Absichtlich langsames Zunehmen der Härteschicht

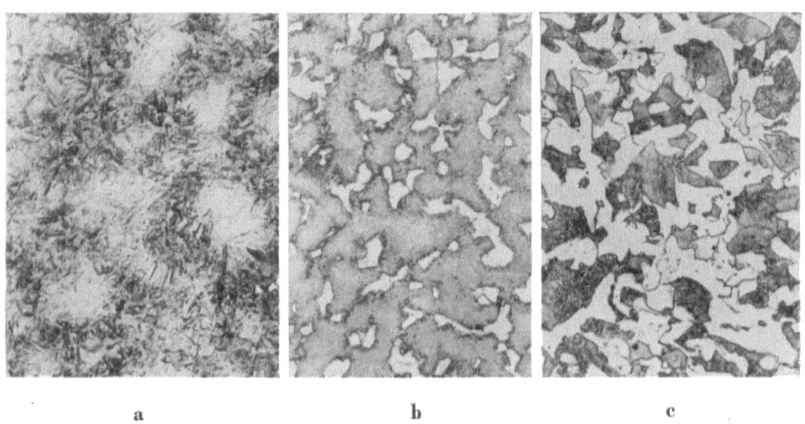

Abb. 57a, b, c. Gefüge einer induktiv gehärteten Welle
a) Härtegefüge (Martensit, kubisch und tetragonal), b) Übergangsgefüge Härteschicht → Kern,
c) Kerngefüge

Kupferblende aufgelötet ist. Die Blechblende ist dem Werkstück in seinen Konturen angepaßt. Eine solche Arbeitsspule kann als Konzentrator bezeichnet werden. In Abb. 56 sind Schnitte von einem Werkstück mit nach rechts anlaufender Härteschicht gezeigt. Abb. 57 zeigt mikroskopische Aufnahmen der Härteschicht, des Übergangsgefüges und des Kerngefüges. In Abb. 58 ist die Härtekurve einer Welle von der Oberfläche nach dem Kern zu aufgetragen.

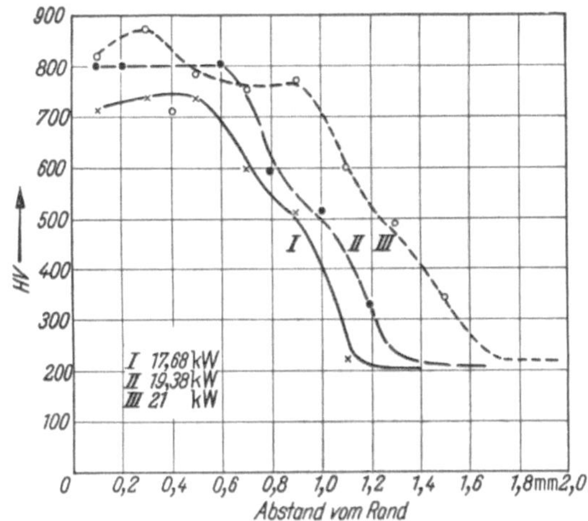

Abb. 58. Härteverlaufskurven von mit verschiedener Leistung oberflächengehärteten Wellen

4.2 Flache Teile, Platten

Das induktive Härten von flachen Teilen, wie z. B. Rollen- oder Gleitbahnen, kann mit einfachen gradlinigen Arbeitsspulen durchgeführt werden. Im Grundprinzip wird die Arbeitsspule mit gleichbleibendem Abstand und gleicher Geschwindigkeit über die zu härtende Fläche geführt. Sind die Flächen sehr breit und reicht dann die Arbeitsspule in ihrer Länge nicht mehr aus, mechanisch oder infolge zu kleiner Leistung

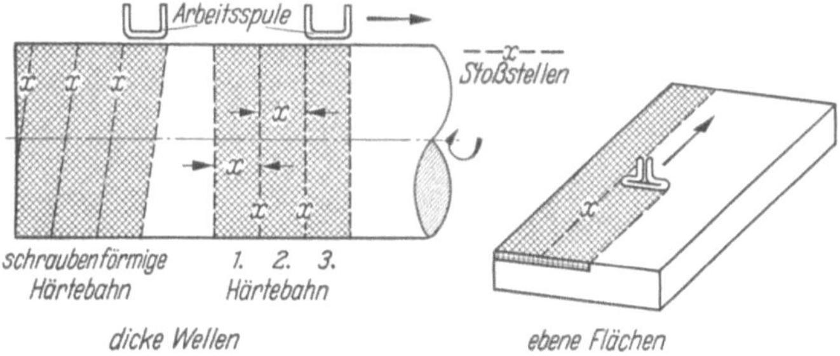

Abb. 59. Vorschublinienhärtung, verschiedene Möglichkeiten für die Durchführung

des zur Verfügung stehenden Generators, so kann die zu härtende Fläche in einzelne Bahnen unterteilt werden. Die Bahnen werden überlappt, so daß dicht aneinander anschließende Härteschichten entstehen. Zwischen

den einzelnen Härteschichten sind dann schmale Zonen von etwa 0,7 bis
1,5 mm Breite, die nur ein Vergütungsgefüge hoher Festigkeit aufweisen. In Abb. 59 ist das Prinzip einer derartigen Härtung gezeigt. Die

Abb. 60. Induktives Härten eines Schichtdornes nach dem Linienverfahren, parallele Härtebahnen

Härtung runder Teile großen Durchmessers wird auf die gleiche Art
durchgeführt. Als Beispiel kann man die Härtung von Schichtdornen
bis 400 mm Durchmesser und 500 mm Länge anführen, bei denen etwa
80 mm breite Härtezonen über-
lappt aneinandergelegt werden
(Abb. 60). Diese Art Härtung
hat sich bei diesen Werkstücken
gut bewährt.

Profilschneiden oder Bandsägen können mit einer Arbeitsspule gehärtet werden, die beide
Schnittkanten umfaßt bzw. an
beiden Schnittkanten entlang
geht, wie dies in Abb. 61 gezeigt
ist. Die Abschreckbrause folgt
der Arbeitsspule in verhältnismäßig geringem Abstand. Es
wird im allgemeinen mit Wasser

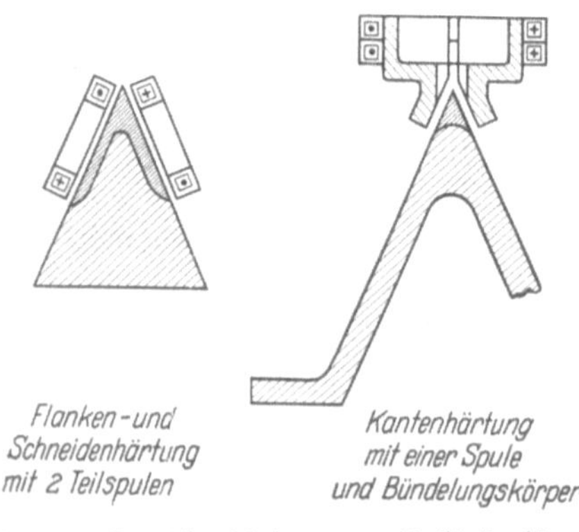

Abb. 61. Induktionshärtung von Profilschneiden
bzw. Bandsägen

abgeschreckt. Anschließend daran kann die Schneide mit Preßluft
trockengeblasen werden. Bei Sägeblättern werden nur die Sägezähne bis
zum Zahngrund gehärtet. Hier wird oft mit Emulsionen abgeschreckt
und selten mit Wasser.

4.3 Die Härtung von Zahnrädern

Bei der induktiven Zahnradhärtung werden zwei bzw. drei verschiedene Verfahren benutzt:

1. die Zahnlückenhärtung
2. die Allzahnhärtung
3. die Einzelzahnhärtung.

Meistens werden die Verfahren 1 und 2 angewendet. Selten, und nur unter bestimmten Voraussetzungen, das Verfahren 3.

Bei der Zahnlückenhärtung hat man ein vom Zahnkopf nach der Zahnflanke, dem Zahngrund und der gegenüberliegenden Zahnflanke bis zum Zahnkopf durchgehendes Härtebild. Die Härteschicht ist an allen Stellen des Zahnes nahezu gleich dick. Die Zahnlückenhärtung ist eine Vorschubhärtung, und daher ist der Energiebedarf nur vom Modul abhängig und nicht von den übrigen Dimensionen des Zahnrades. Das Verfahren hat seine Grenzen, die durch die Abmessungen der Arbeitsspule gegeben sind. Da die Arbeitsspule in jede Zahnlücke eingeführt werden muß und sie durchfährt, ist diese Grenze mechanisch bedingt. Ein Modul kleiner als 2,5 bzw. in Sonderfällen Modul 2 ist nach diesem Verfahren nicht mehr härtbar. Nach größerem Modul hin ist der Zahnlückenhärtung keine Grenze gesetzt. Die Handhabung des Verfahrens wird mit größer werdendem Modul immer einfacher.

Für die Allzahnhärtung werden ringförmige Arbeitsspulen verwendet, in denen die Räder entweder im Stand im ganzen erwärmt und abgeschreckt werden, oder man arbeitet bei breiten Rädern nach dem Vorschubverfahren, d. h. man heizt eine Zone bestimmter Breite auf und schiebt diese Zone mit kontinuierlicher Geschwindigkeit in Achsrichtung über den Umfang des Rades. Eine konturengetreue Härtung läßt sich bei der Allzahnhärtung auf diese Art kaum erzielen. Die Ausbildung der Härteschicht hängt zu einem großen Teil vom Modul ab, außerdem von der aufgewendeten Leistung. Die zur Härtung notwendige elektrische Leistung hängt vom Raddurchmesser ab.

Die Einzelzahnhärtung wird meist nur bei großen Rädern verwendet. Die Härteschicht verläuft über die Zahnflanken, und zwar vom Zahnkopf nach dem Zahngrund und endet beim Übergang der Zahnflanke in den Zahnfuß. Sie soll nicht zu weit nach dem Zahnfuß heruntergezogen werden, da bei Zahnrädern mit hoher Beanspruchung dies eine kritische Stelle mit Kerbwirkung darstellt und leicht zu Brüchen führen kann.

Die Erwärmung muß für alle drei Verfahren, d. h. also bei Zahnlücken-, Allzahn- und Einzelzahnhärtung, relativ schnell erfolgen. Es sind daher hohe Energiedichten erforderlich, etwa 1,2 bis 1,5 kWs/cm². Je kleiner der Modul ist, um so schneller muß die Erwärmung erfolgen und um so höher muß die Energiedichte sein. Bei kleinem Modul ist bei der Zahnlücken-

und bei der Einzelzahnhärtung Hochfrequenz zweckmäßig. Bei der Allzahnhärtung kann Mittel- oder Hochfrequenz eingesetzt werden, ebenso kann man bei großem Modul auch bei der Zahnlückenhärtung Hoch- oder Mittelfrequenz anwenden. Abb. 62 zeigt die prinzipielle Anordnung für die drei Verfahren der induktiven Zahnradhärtung.

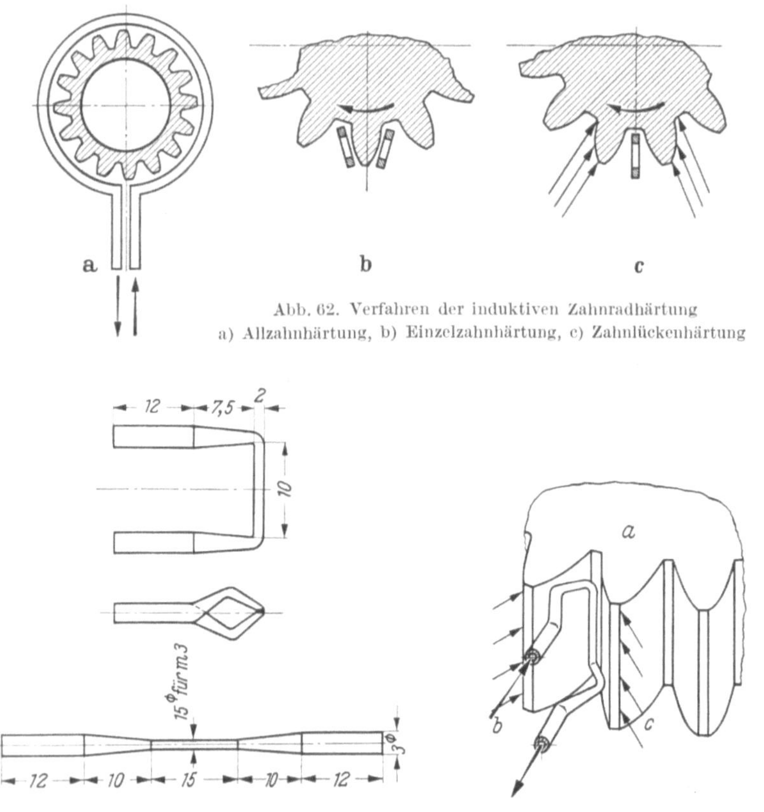

Abb. 62. Verfahren der induktiven Zahnradhärtung
a) Allzahnhärtung, b) Einzelzahnhärtung, c) Zahnlückenhärtung

Abb. 63. Arbeitsspule zur induktiven Zahnradhärtung nach dem Zahnlückenverfahren für Modul 3
oben: Ansicht, Mitte: Draufsicht, unten: vorgedrücktes Rohr

Abb. 64. Prinzip der induktiven Zahnlückenhärtung. Die Pfeile bezeichnen den Wasserfluß

Auch bei der Zahnlückenhärtung verwendet man Arbeitsspulen aus Kupferrohr. Sie haben einen gleichförmigen Querschnitt oder werden auch mit abgestuftem Querschnitt verwendet. Da in der Arbeitsspule Ströme von 2000 A bis 5000 A fließen, muß unbedingt mit Druckwasserkühlung gearbeitet werden. Man kann aus diesem Grunde die Arbeitsspulen auch nicht beliebig dünn machen, um Zahnräder mit kleinem Modul zu härten. Aus rein mechanischen Gründen ergibt sich eine untere Grenze für den kleinsten Modul, die bei m = 2 liegt. Bei Modul m = 2 hat die Arbeitsspule für den Zahngrund einen Durchmesser von nur 1,2 mm.

Die Bohrung im Leiter der Spule für das Kühlwasser hat nur noch einen Durchmesser von 0,8 mm. Durch die Bohrung sollen mindestens 0,8 Liter Wasser pro Minute fließen. Das Kühlwasser muß frei von Verunreinigungen und Gasen sein. Abb. 63 zeigt eine Arbeitsspule, wie sie konstruktiv für Modul 3 auszulegen wäre. Abb. 64 zeigt das Prinzip einer Arbeitsspule und ihre Anordnung in der Zahnlücke eines Zahnrades.

Die Zahnlückenhärtung ist eine Vorschubhärtung, d. h. die Arbeitsspule durchläuft mit gleichbleibender Geschwindigkeit eine Zahnlücke nach der anderen, wobei jeweils die Zahnflanken und der Zahngrund aufgeheizt und abgeschreckt werden. Das Abschrecken erfolgt bei kleinem Modul, etwa bis Modul 5, mit Rückenkühlung, d. h. die rückwärtigen Zahnflanken der zu härtenden Zahnlücke werden mit Wasser gekühlt, wobei die Wärme infolge des hohen Temperaturgradienten schnell abgeführt wird. Außerdem ist diese Rückenkühlung ein Schutz für schon gehärtete Zahnflanken gegen Anlassen. Bei größerem Modul wird noch zusätzlich in der zu härtenden Zahnlücke direkt abgeschreckt.

Bei der Zahnlückenhärtung ist es prinzipiell möglich, nach zwei Richtungen zu härten, d. h. durch eine Zahnlücke durchzuhärten, weiterzuschalten und die nächste Zahnlücke in entgegengesetzter Richtung durchzuhärten. Dieses wechselseitige Verfahren ist aber nur selten zu empfehlen, da Unterschiede von einer Zahnlücke zur anderen im Härtebild auftreten können. Besser ist stets dieselbe Richtung für die Härtung vorzusehen, insbesondere dann, wenn bei größeren Zahnrädern, also $m \geqq 5$, mit direkter Kühlung in der Zahnlücke gearbeitet wird, da die Spritzrichtung des Abschreckmittels nicht geändert werden kann.

Auch auf die Formgebung der Zähne ist bei der Zahnlückenhärtung zu achten. Die Stirnkanten der Zähne sollen abgerundet sein, denn scharfe Kanten an den Zahnradstirnseiten führen zu Anschmelzungen bzw. starken Überhitzungen der Zahnkanten und müssen vermieden werden. Sind aber Räder mit scharfen Zahnkanten zu härten, werden diese mit Abdeckplatten aus Kupfer, Aluminium oder einer Aluminiumlegierung abgedeckt (Abb. 65), wobei Kupferabdeckscheiben gegen das Zahnrad mit Papierzwischenlagen isoliert werden, bei Aluminium wird die Oberfläche eloxiert. Abb. 66 zeigt einen Schnitt durch einen Zahn, der nach dem Zahnlückenverfahren gehärtet wurde und zeigt auch den Verlauf der Härtekurve.

Ähnlich wie bei der Zahnlückenhärtung wird bei der Einzelzahnhärtung verfahren. Hier ist die Arbeitsspule allerdings anders ausgebildet. Sie umfaßt die Zähne, wobei dann die Härteschicht über den Zahnkopf verläuft, oder aber, man härtet mit der gleichen Arbeitsspule wie bei der Zahnlückenhärtung, führt diese aber nicht so tief in die Zahnlücke ein, wodurch der Zahngrund wie auch der Zahnkopf weich bleiben.

6*

Für die Allzahnhärtung werden kreisrunde Arbeitsspulen benutzt, sie
können je nach Breite der Zahnräder eine oder mehrere Windungen haben.
Die Aufheizung erfolgt bei schmalen Rädern bis 20 mm Breite im Stand,
d. h. zwischen Arbeitsspule und Rad findet keine Relativbewegung statt.
Meist läßt man die Räder umlau-
fen, um etwaige Unsymmetrien der

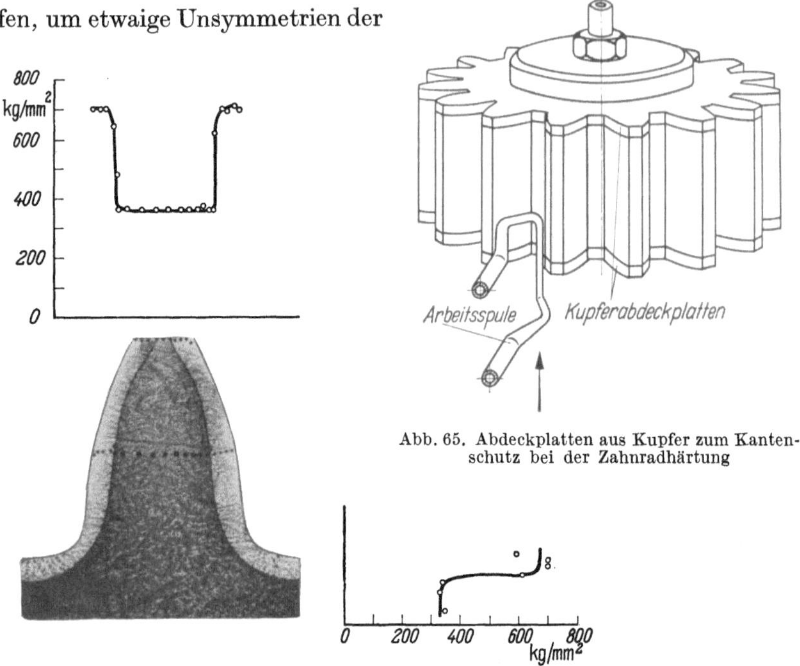

Abb. 65. Abdeckplatten aus Kupfer zum Kanten-
schutz bei der Zahnradhärtung

Abb. 66. Schnitt durch einen Zahn eines nach dem Zahnlückenverfahren gehärteten Zahnrades
Modul 3 und Härteverlauf im Zahngrund und am Teilkreis

Arbeitsspule auszugleichen. Nach dem Aufheizen werden die Räder durch
eine Ringbrause in ein stark bewegtes Wasser-, Emulsions- oder Ölbad
getaucht. Bei breiten Rädern wird nach dem Vorschubverfahren gehärtet.
Man heizt eine schmale ringförmige Zone auf, läßt diese mit kontinuierlicher Geschwindigkeit in Richtung der Radachse wandern und schreckt
anschließend ab. Der Abstand zwischen Erwärmungs- und Kühlzone
bleibt konstant. Bei einem Modul unter 2,5 muß bei der Allzahnhärtung
mit einer totalen Durchhärtung der Zähne gerechnet werden. Im allgemeinen läßt sich mit der Allzahnhärtung keine echte konturengetreue
Härtung erreichen, unter gewissen Voraussetzungen nur bei Modul 4 und
5. Um bei Zahnrädern mit kleinem Modul konturengetreue Härtung erreichen zu können, verwendet man angepaßte Arbeitsspulen, die eine
Innenverzahnung haben, in die die zu härtenden Räder mit gleichbleibendem Abstand passen. Bei Allzahnhärtungen mit angepaßter

Arbeitsspule sollte man nur schmale Zahnräder härten, bei denen nicht mit Vorschub gearbeitet werden muß. Die Erwärmung erfolgt nach einem Impulsverfahren, d. h. mit einem einzigen Leistungsimpuls wird das Rad an seinem Umfang erwärmt und dann sofort abgeschreckt. Bei einem Zahnrad mit Modul 1,75 und einem Teilkreisdurchmesser von 126 mm ist eine Stoßleistung von 250 kW erforderlich. Die dazu gehörige Aufheizzeit beträgt nur 80 ms. Die Hochfrequenzenergie ist nur 20 kWs. Hierbei wird eine konturengetreue Härteschicht erzeugt. Dieses Verfahren erfordert jedoch große Anlagen mit außerordentlich hohem Durchsatz, so daß sie kaum wirtschaftlich eingesetzt werden können. Es gibt aber Verfahren, bei denen kleine Generatoren, d. h. solche mit kleiner Dauerleistung, impulsmäßig bis auf die 10- bzw. 20fache Leistung gebracht werden können, womit sich dann Zahnräder wirtschaftlich härten lassen. Wie sich aus Versuchen überraschenderweise ergeben hat, sind aber konturengetreue Härteschichten meist nicht notwendig. Im Fahrzeugbau wurden versuchsweise Räder mit durchgehärteten Zähnen und kleinem Modul, insbesondere in Schaltgetrieben, erprobt und haben sich bewährt. In Amerika werden Zahnräder bis zu 700 mm Durchmesser nach dem Allzahnhärteverfahren mit Mittelfrequenz gehärtet. Dabei werden Generatoren bis 750 kW Leistung benutzt. Derartig gehärtete Räder werden für Traktoren und ähnliche Fahrzeuge verwendet.

Der Härteverzug, der bei Zahnrädern auftritt, ist verhältnismäßig klein. Er läßt sich aber nicht vermeiden, da allein schon durch die Gefügeumwandlung eine Ausdehnung des Materials stattfindet und dadurch Maßänderungen gegeben sind. Wie groß der Verzug wird, läßt sich schwer voraussagen und ist meist von dem gesamten Herstellungsverfahren der Räder abhängig. Der Verzug wird klein, wenn vorvergütete Stähle verwendet werden, er wird weiterhin klein, wenn die Härtezeit kurz und die Erwärmung des Radkörpers klein ist. Außerdem spielt die Formgebung und die Werkstoffzusammensetzung eine gewisse Rolle.

Bei der induktiven Härtung von Zahnrädern werden meist Stähle wie Ck 35, Ck 45, Cf 56 oder C 60 empfohlen, auch legierte Stähle wie 42 MnV 7, 53 MnSi 4 oder 36 CrNiMo 4. Auch der Stahl 58 CrV 4 hat sich bewährt. Man soll aber bei der Zahnradhärtung nach Möglichkeit niedrig gehohlte Stähle verwenden. Die besten Erfahrungen hat man in letzter Zeit mit Stählen Ck 35 oder 36 CrNiMo 4 gemacht. Je kleiner der Kohlenstoffgehalt des Stahles ist, um so kleiner werden die im Stahl bei der Härtung auftretenden Spannungen und damit geht die Gefahr der Rißbildung und des Verzuges herunter. Härtewerte über 60 RC sollen vermieden werden. Stähle wie Ck 35 lassen Härtewerte bis 56 RC mit Sicherheit bei Induktionshärtung zu. Der Stahl 36 CrNiMo 4 gibt maximale Härtewerte von 56 bis 60 RC und ist für hochbeanspruchte Zahnräder bei einer geforderten Härte von 56 RC bis 58 RC besonders geeignet. Bei der Verwendung von Ck 45 ist es empfehlenswert, eine normale Jominy-Probe vorzunehmen, wobei darauf zu achten ist, daß der Übergang von hohen Härtewerten zu den niedrigen möglichst flach verläuft und eine Härte von 58 RC am Rand der Probe auch möglichst nicht überschritten wird. Bei sämtlichen chromlegierten Stählen ist eine Ver-

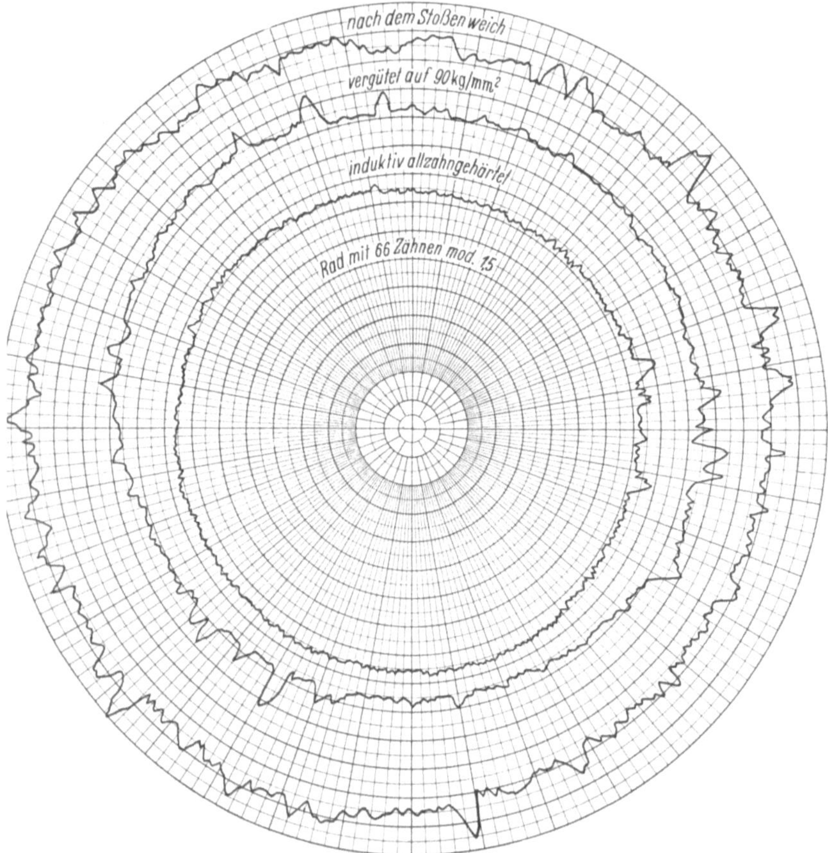

Abb. 67. Rundlaufdiagramm eines allzahngehärteten Getrieberades Modul 1,5 mit 99 mm Teilkreisdurchmesser

gütung des Radkörpers erforderlich, das Vergütungsgefüge darf keine freien Chromkarbide enthalten, und es scheint insbesondere bei hoch beanspruchten Rädern zweckmäßig, sich bei der Vergütung nicht auf die Ermittlung der Zugfestigkeit aus den Härtewerten zu verlassen, sondern eine Probe aus dem vergüteten Material zu entnehmen, um die Kerbschlagfestigkeit festzustellen. Man kann sich durch diese Maßnahme weitgehend gegen Versager im späteren Betrieb der Zahnräder sichern.

Um den Verzug wie auch die Härtespannungen kleinzuhalten, sollen
Zahnräder stets mit einer temperierten Emulsion abgeschreckt werden.
Um im Material nach dem Härten einen Spannungsausgleich zu bekommen, werden die Zahnräder in einem Ölbad bei etwa 150° bis 190° C
ein bis vier Stunden entspannt. Um einem übermäßigen Verzug auch
schon von der konstruktiven Seite entgegenzuwirken, sollen die Räder
möglichst symmetrisch sein, vor allem soll der Zahnkranz zum Rad-
körper selbst symmetrisch sitzen. Abb. 67 zeigt das Rundlaufdiagramm

Abb. 68. Mittelfrequenzhärteanlage zur Allzahnhärtung mit zwei Bedienungsstationen
(Werkbild AEG-Elotherm)

eines allzahngehärteten Rades Modul 1,5 mit 99 mm Teilkreisdurchmesser
nach dem Stoßen, nach dem Vergüten und nach dem Schaben sowie
nach der Allzahnhärtung. Die Härtedaten, mit denen dieses Rad gehärtet
wurde, sind 24 kW Hochfrequenzleistung bei 460 kHz und 4 sek Aufheizzeit. Die Härte ist 62 $\pm$ 2 RC, der Werkstoff 53 MnSi 4 vergütet. Bei
der Allzahnhärtung eines derartigen Zahnrades kann es vorteilhaft sein,
das Rad in einer Form zu härten und mit einem gewissen Druck zu
verspannen, damit sich nach dem Härten die Härtespannung mit der
mechanischen Vorspannung ausgleicht.

Während die Zahnlückenhärtung genau schaltende Maschinen mit
stufenlos einstellbarer Vorschubeinrichtung und automatischer Schaltung

Abb. 69a

Abb. 69 b

für die Hochfrequenz benötigt, sind für die Allzahnhärtung nur einfache Vorrichtungen erforderlich, in welche die Zahnräder zentrisch zur Arbeitsspule aufgenommen werden und auf der Vorrichtung rotieren. Weiter müssen diese Vorrichtungen eine Abschreckbrause oder ein Abschreckbad besitzen. Das Wichtigste bei einer solchen Vorrichtung ist ein äußerst genau schaltendes Zeitschaltwerk zur Dosierung der Energie und zum Einleiten des Abschreckvorganges. In Abb. 68 sind eine Vorrichtung zur Allzahnhärtung, in Abb. 69a, b und c Maschinen zur Zahnlückenhärtung gezeigt [*19*].

Abb. 69c

Abb. 69a bis c. Härtemaschinen zur Zahnradhärtung nach dem Zahnlückenverfahren a) für Modul 2,5 bis 6 (Werkbild AEG-Elotherm), b) für schwere Kettenräder (Werkbild AEG-Elotherm), c) Zahnradhärtemaschine zur Mittelfrequenzhärtung von Großrädern von Modul 5 an aufwärts (Werkbild Schoppe & Faeser)

4.3.1 Spezielle Verfahren der induktiven Allzahnhärtung

Bei der Allzahnhärtung wird oft eine möglichst konturengetreue Härtezone entlang des Zahnkranzes gewünscht. Man hat deshalb verschiedene Verfahren entwickelt, die den gestellten Forderungen möglichst nahekommen. Eines dieser Verfahren ist das sogenannte Zweifrequenzverfahren. Bei ihm wird das zu härtende Zahnrad zunächst mit einer verhältnismäßig niederen Frequenz, z.B. Mittelfrequenz von 2000 Hz, auf eine Temperatur unterhalb des AC3-Punktes, etwa 650° C, gebracht. Dann erwärmt man mit wesentlich höherer Frequenz, z.B. 300 bis 500 kHz sehr schnell auf Härtetemperatur und schreckt anschließend ab.

In der Praxis wird diese Zweifrequenzmethode so durchgeführt, daß entweder in einer Vorrichtung zwei Arbeitsspulen verwendet werden, die eine für Mittelfrequenz, die andere für Hochfrequenz, oder aber, daß man eine einzige Spule verwendet und die Generatoren umschaltet. Man hat mit diesem Verfahren in Amerika gewisse Erfolge erzielt.

Ein anderes Verfahren, das diesem nahekommt, ist ein Impulsfolgeverfahren mit einer Reihe von zeitlich abgestuften Hochfrequenzimpulsen und dazwischenliegenden Pausen. Der Zahnkranz wird dadurch zunächst langsam auf eine Temperatur von etwa 700° C erwärmt. Danach wird dann mit der gleichen Leistung des Hochfrequenzgenerators, die für die Impulse verwendet wurde, ein Schlußimpuls auf das zu härtende Rad gegeben und damit der Zahnkranz auf Härtetemperatur gebracht. Anschließend wird, wie üblich, abgeschreckt. In Abb. 70 ist das zeitliche Schema eines

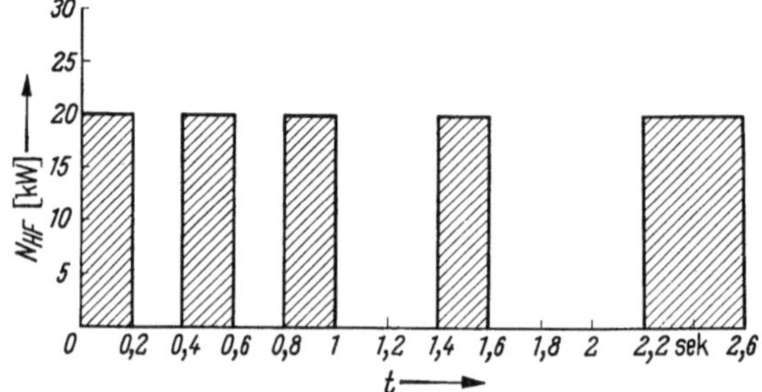

Abb. 70. Beispiel eines Zeitdiagramms für nahezu konturengetreue Allzahnhärtung nach dem Impulsverfahren. Die Impulse bis 1,6 Sekunden dienen dem Erwärmen, der letzte Impuls von 2,2 bis 2,6 Sekunden dient zum Erreichen der Härtetemperatur im Zahnkranz

derartigen Härteablaufes gezeigt. Auch bei diesem Verfahren ist nur bei Modul 3 bis 5 eine einigermaßen konturengetreue Härtung möglich. Etwas anders liegen die Bedingungen bei Zahnrädern mit Modul größer als $m = 8$. Hier bekommt man nahezu konturengetreue Härteschichten, ganz gleich, welches Verfahren verwendet wird. Allzahnhärtung von Rädern mit großem Modul kommt allerdings nur für kleine Raddurchmesser in Frage, für die die notwendigen Generatorleistungen zur Verfügung gestellt werden können.

Welche von diesen Zahnradhärteverfahren in der Praxis angewendet werden, hängt von den speziellen Bedingungen ab. Im allgemeinen wird es nicht wirtschaftlich sein, Getrieberäder, insbesondere Schaltgetrieberäder, induktiv zu härten, wenn mehrere Härtestellen vorhanden sind. Es müßten dann die verschiedenen Härtestellen einzeln bearbeitet werden, was nur lohnend ist, wenn sehr große Stückzahlen für die Härtung in Frage kommen. Anders liegt die Sache bei Getrieberädern, an denen nur der Zahnkranz gehärtet sein muß. Hier ist die Allzahnhärtung bei mittleren Stückzahlen und die Zahnlückenhärtung schon bei kleinen Stückzahlen wirtschaftlich. Besonders wirtschaftlich wird die Zahnlückenhärtung bei großen Rädern mittleren und großen Moduls. Bei Wirtschaftlichkeitsbetrachtungen darf insbesondere der ganze Herstellungsgang der Räder nicht außer acht gelassen werden, denn die größten Einsparungen bringt nicht das Härten, dies ist übrigens meistens so, sondern die einfachere Gesamtbearbeitung, da u. U. eine Reihe von Arbeitsgängen wegfallen kann. Man denke vor allem an das Nachschleifen von großen Getrieberädern für Straßenbahnen oder Lokomotiven, bei denen nach einer induktiven Härtung dafür nur noch ein geringer Aufwand getrieben werden muß.

4.4 Die Härtung von Kurbelwellen

Die Härtung von Kurbelwellen ist ein Problem, das nicht allein durch die Ausbildung der Härteschicht bzw. durch das Verfahren bestimmt wird. Das Hauptproblem ist nicht die eigentliche Härtung, sondern vielmehr der Einfluß der Härtung auf die Festigkeit und Betriebssicherheit einer Kurbelwelle. Die Härteschicht, die auf die Kurbelzapfen und Hauptlager einer Kurbelwelle aufgebracht wird, ist von maßgebendem Einfluß auf die Festigkeit und Bruchsicherheit der Kurbelwelle. Je nachdem, wie die Härteschicht an den Kurbelzapfen ausläuft, ob sie in die Rundung im Übergang in die Wangen einläuft oder ob sie auf dem Kurbelzapfen noch zu Ende geht, ohne die Wangen zu berühren bzw. ob sie auf die Wangen mit heraufgezogen wird, ist ausschlaggebend. Man hat in dieser Hinsicht viele Versuche ausgeführt und kann sagen, die Härteschicht auf dem Kurbelzapfen oder auch auf dem Hauptlager darf nicht so auslaufen, daß eine Kerbstelle beim Übergang in die Kurbelwange erzeugt wird. Diese Kerbstelle führt absolut zum Bruch. Man muß also die Härteschicht auf dem Zapfen vor dem Übergang in die Kurbelwange auslaufen lassen oder aber an der Kurbelwange entlang härten, ohne daß eine Unterbrechung der Härteschicht zwischen Zapfen und Kurbelwange auftritt.

Die Dicke der Härteschicht ist bei Kurbelwellen im allgemeinen von Bedeutung. Einmal bezüglich des Festigkeitsverhaltens, zum anderen wegen der Möglichkeit, Kurbelwellen nacharbeiten zu können. Zur Nachbearbeitung von Reparatur-Kurbelwellen muß die Härteschicht eine gewisse Dicke haben, um eine Zweithärtung zu vermeiden.

Folgende Verfahren werden in der Praxis zur Härtung von Kurbelwellen benutzt:

1. Härtung im Einsatz oder mittels Gasaufkohlung.
2. Flammenhärtung.
3. Hartverchromen.
4. Induktives Härten mit Mittel- oder Hochfrequenz.

Bei der induktiven Kurbelwellenhärtung unterscheidet man wiederum mehrere Verfahren, nach der Frequenz und nach dem Verfahren, wie die Härteschicht aufgebracht wird. Man kann mit Mittelfrequenz zwischen 2000 und 10000 Hz oder seltener mit Hochfrequenz zwischen 250 kHz und etwa 600 kHz arbeiten.

Die Mittelfrequenzhärtung wird im allgemeinen bei größeren Kurbelwellen durchgeführt und nach Möglichkeit bei mittleren und kleinen Kurbelwellen, wenn Einhärtetiefen größer als 2 mm verlangt werden. Hochfrequenzhärtungen sind in größerem Umfange bisher nur für Kraftwagenwellen angewendet worden, aber auch in Einzelfällen für größere Kurbelwellen, z. B. für stationäre Dieselmotoren mit Zapfendurchmesser von 100 mm und mehr.

Die Härteverfahren zum Aufbringen der Härteschicht sind: die Umlaufhärtung, wobei eine ununterbrochene Härteschicht erzeugt wird und die Zonen- oder Vorschubhärtung, wobei eine linienförmige Glühzone über den Zapfen gelegt und der Zapfen einmal um seine Achse gedreht wird, und sich die Härteschicht mit einer Stoßstelle geringerer Härte schließt. Das Umlaufverfahren ist bei schweren Kurbelwellen besser, da die mechanischen Einrichtungen zur Härtung leichter auszuführen sind als beim Zonenhärten. Die Mechanik für das Zonenhärten bzw. für das Linienvorschubhärten ist kompliziert, und es sind erhebliche Schwierigkeiten für die Führung und Abstandshalterung der Arbeitsspule zu überwinden. Im Grunde ist es gleich, ob Mittelfrequenz oder Hochfrequenz zur Härtung verwendet wird. Dies ist lediglich eine Frage der Energiedichte, die zum Härten aufgebracht wird. Weiter ist es auch eine Frage der Wirtschaftlichkeit und vor allem der Investierungskosten der Anlage.

Für die Oberflächenhärtung von Kurbelwellen wird die induktive Erwärmung seit 1936 benutzt. Das in den Vereinigten Staaten von Amerika entwickelte Tocco-Verfahren bedient sich teilbarer einwindiger Arbeitsspulen, die über einen Transformator mit dem speisenden Mittelfrequenzgenerator verbunden sind. Nach dem Aufheizen wird das Abschrecken der Oberfläche im ruhenden Zustand der Kurbelwelle durch Spritzöffnungen in der Arbeitsspule vorgenommen. Durch Weiterentwicklung wurde ein Verfahren mit anderen Arbeitsspulen geschaffen, das sich in Europa gut eingeführt hat, und die meisten Kurbelwellen werden, insbesondere für Lastkraftwagen und schwere Fahrzeuge, aber auch für Schiffsantriebe, danach gehärtet. In Abb. 71 ist eine Anlage gezeigt, wie sie in der ersten Zeit von der Tocco verwendet wurde, danach arbeitete auch 1938 die erste Anlage in Deutschland. Abb. 72a und b zeigen moderne Kurbelwellenanlagen neuester Entwicklung, und in Abb. 73 ist eine Arbeitsspule dieser Anlagen dargestellt. Es ist eine offene Arbeitsspule, die die Kurbelwelle nur halb umschließt. Die Arbeitsspule wird auf den zu härtenden Zapfen aufgesetzt, wobei dieser rotiert und allmählich auf

Abb. 71. Mittelfrequenz-Kurbelwellenhärteanlage nach dem Tocco-Verfahren (1938)

Abb. 72a. Moderne Kurbelwellenhärteanlage mit Mittelfrequenz-Erwärmung
(Werkbild AEG-Elotherm)

Härtetemperatur gebracht wird. Die Anwärmzeit beträgt etwa 30 bis
50 Sekunden. Nach Erreichen der Härtetemperatur wird die Mittelfrequenzenergie abgeschaltet, und die Kurbelwelle taucht automatisch
in ein Härtebad ein. Man arbeitet heute so, daß beispielsweise von

4 Kurbelwellen hintereinander die gleichliegenden Zapfen gehärtet werden und härtet dann die nachfolgenden Zapfen in der gleichen Reihenfolge wie die vorhergehenden. Bei dieser Anlage ist es möglich, die

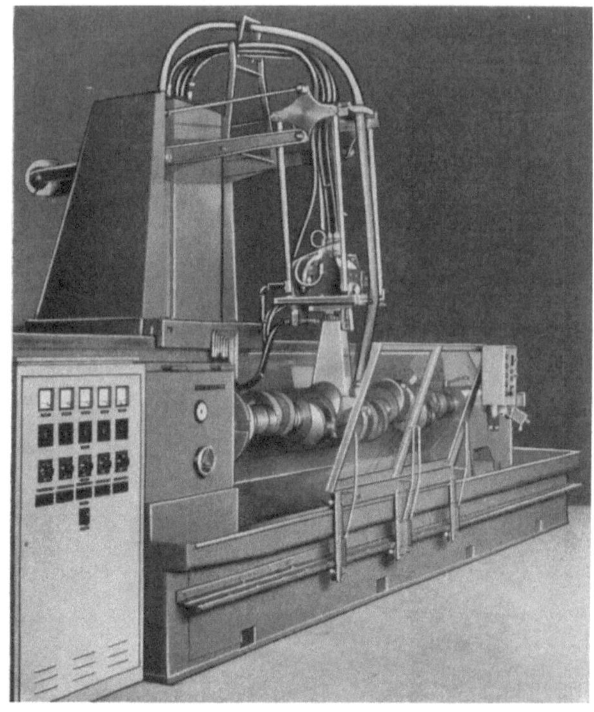

Abb. 72b. Härtemaschine für die Mittelfrequenzhärtung von schweren Kurbelwellen bis zu 1600 mm Länge (Werkbild AEG-Elotherm)

Arbeitsspulen auszuwechseln, so daß verschieden breite Lager an den Kurbelwellen ohne Schwierigkeiten gehärtet werden können. In Abb. 74 ist der Schnitt durch einen derartig gehärteten Kurbelzapfen gezeigt.

Eine Kurbelwellenhärteanlage, die für die Massenproduktion eingesetzt ist und mit Hochfrequenz arbeitet, zeigen Abb. 75a und b. Bei dieser Anlage wird nicht nach dem Umlaufverfahren gehärtet, sondern nach dem Linienverfahren. Es werden an dieser Kurbelwelle gleichzeitig die 4 Kurbelzapfen gehärtet und in einem zweiten Arbeitsgang die Hauptlagerzapfen. Bei dieser Kurbelwellenhärtung werden Einhärtetiefen von 2 bis 2,5 mm erreicht. In Abb. 76 ist ein Schnitt durch eine derartige Kurbelwelle gezeigt. Wichtig ist bei der Kurbelwellenhärtung, daß nach dem Härteprozeß oder überhaupt durch den Härteprozeß keine Risse in den gehärteten Flächen entstehen. Ganz besondere Aufmerksamkeit muß man der Ausbildung der Ölbohrungen schenken, denn an den Ölbohrungen kann es gar zu leicht sternförmig verlaufende Risse geben. Diese Risse sind durch Überhitzung an den Bohrungskanten entstanden, und

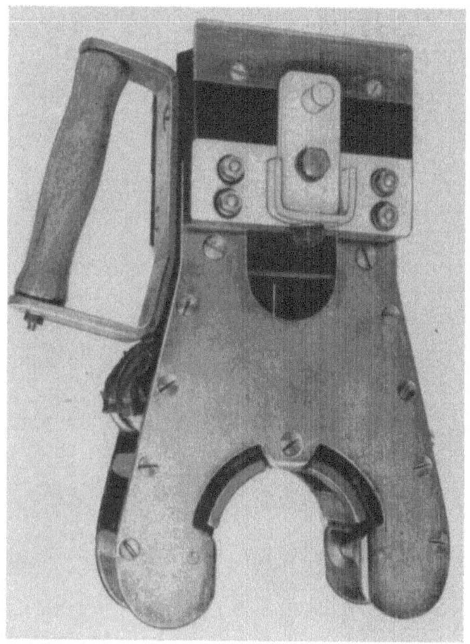

Abb. 73. Schleifeninduktor zur Induktionshärtung mit Mittelfrequenz von Kurbelwellen
(Werkbild AEG-Elotherm)

Abb. 74. Längsschliffbild eines Kurbelwellenzapfens mit einseitig gehärtetem Anlaufbund zur Aufnahme des axialen Schubes

daher müssen die Kanten der Bohrungen mit einem genügend großen
Radius verrundet sein. Unter Umständen ist es aber auch zweckmäßig,

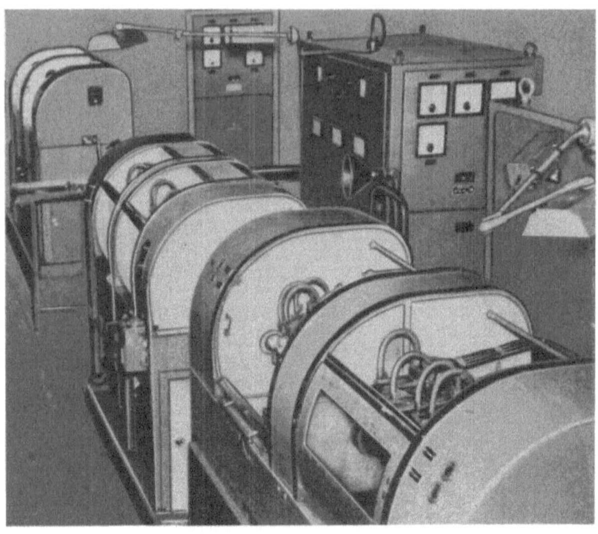

Abb. 75a. Hochfrequenz-Härteanlage für Kurbelwellen für Kraftwagen. Gesamtansicht
(Werkbild SSW)

Abb. 75b. Hochfrequenz-Kurbelwellenhärteanlage zur Härtung der Hauptlagerzapfen an einer Kraft-
wagenkurbelwelle nach dem Linienverfahren, Teilausschnitt aus der Abb. 75a (Werkbild SSW)

die Bohrungen mit Kupfer auszudübeln, so daß an diesen Stellen keine
Stromunterbrechungen und damit keine Überhitzung der Bohrungs-

ränder entstehen können. Bei Mittelfrequenzhärtungen wird durch dabei angewendete Verfahren und die Ausbildung der Arbeitsspulen eine Über-

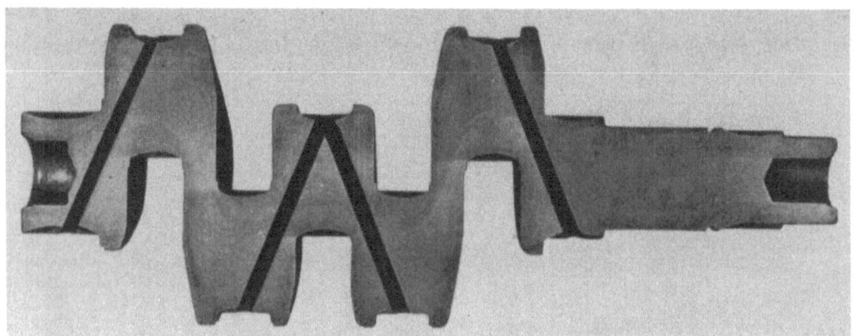

Abb. 76. Mit Hochfrequenz gehärtete Kurbelwelle auf der Anlage nach Abb. 75a und 75b, geschnitten, Härtestellen angeätzt

hitzung der Ölbohrungen vermieden, so daß das Ausdübeln entfällt. Auch bei Hochfrequenz kann man ohne Ausdübeln der Ölbohrungen arbeiten, dies setzt jedoch Hochfrequenzgeneratoren mit besonderer Arbeitscharakteristik und entsprechende Arbeitsspulen voraus [20].

4.5 Nockenwellen

Die Härtung von Nockenwellen wird ähnlich wie die Härtung von Kurbelwellen durchgeführt, insbesondere bezüglich der Frequenzen, die man hierbei benutzt. Es gibt Anlagen für Nockenwellenhärtung mit Mittelfrequenz und Hochfrequenz. In Abb. 77 ist eine Nockenwellenhärteanlage dargestellt. Diese arbeitet mit umschließender Arbeitsspule, durch die die Nockenwellen hindurchgefahren werden. An jedem Nocken wird die Nockenwelle angehalten und bei rotierender Welle jeder Nocken einzeln aufgeheizt und abgeschreckt.

Im folgenden soll ein spezielles Verfahren der Nockenwellenhärtung für kleine Kraftwagennockenwellen beschrieben werden. Es wurde ein Direktverfahren benutzt, wobei alle Nocken der Welle gleichzeitig auf Temperatur gebracht und anschließend abgeschreckt werden. Für die Erwärmung der Nocken wurde ein Konzentrator verwendet, der geteilt ist und die Nockenwelle umschließt. Den geteilten Konzentrator umschließt eine Arbeitsspulenkombination, die für die Energieübertragung auf den Konzentrator sorgt. Bei der Härtung dieser Nocken wird die Welle in eine Aufnahme gespannt und steht in jeder Hinsicht fest, d. h. sie wird weder in Achsrichtung verschoben, noch rotiert sie um ihre Achse. Der Konzentrator wird um die Nockenwelle herumgelegt, daraufhin schiebt man die Arbeitsspulen über den Konzentrator.

Die Hochfrequenzenergie wird für eine bestimmte Zeit eingeschaltet, und nach einer kurzen Verweilzeit schreckt man direkt aus dem Konzentrator ohne zusätzliche Brause ab. Die Anlage ist deswegen so interessant, weil hier Nockenwellen aus Gußeisen GG 26 verwendet werden. Bei der Härtung der Nocken dieser Wellen waren infolge der Gußsorte erhebliche

Abb. 77. Nockenwellen-Härteanlage für Mittelfrequenz-Erwärmung (Werkbild AEG-Elotherm)

Schwierigkeiten zu überwinden, um einwandfreie Resultate zu bekommen. Auch hat die konstruktive Ausbildung dieser Nockenwellen gewisse Schwierigkeiten mit sich gebracht, so daß Felduntersuchungen an dem Konzentrator erforderlich wurden. In Abb. 78 ist der Konzentrator mit der Nockenwelle gezeigt. Die Abb. 79 zeigt die Arbeitsspulen.

Bezüglich der Arbeitsspulen bestanden gewisse Schwierigkeiten. Für die 4 Nocken sind um die Konzentratorringe 4 Arbeitsspulen gelegt worden, die zunächst in 2 Gruppen hintereinander und parallelgeschaltet wurden. Die Stromverteilung auf diesen beiden parallelgeschalteten Spulengruppen war ungleich und konnte u. U. von einer Härtung zur anderen andere Ergebnisse bringen. Eine Parallelschaltung sämtlicher Arbeitsspulen kam nicht in Frage, da dadurch die Stromverteilung

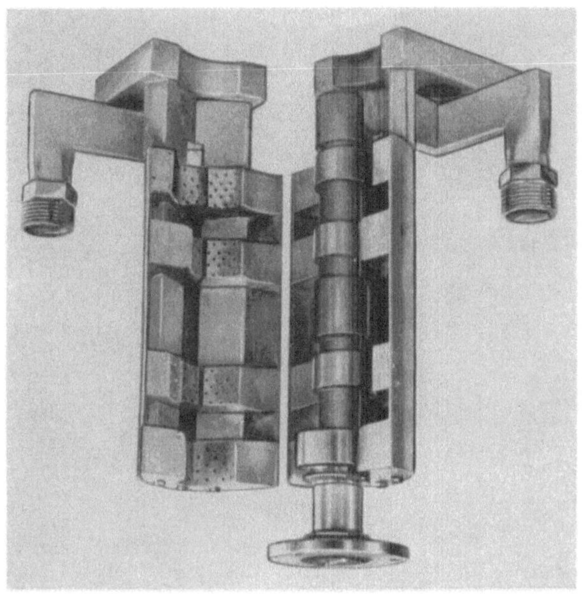

Abb. 78. Geteilter Konzentrator mit Nockenwelle der Nockenwellenhärtemaschine Abb. 82 (Werkbild AEG-Elotherm)

Abb. 79. Arbeitsspule zur Nockenwellenhärtung (Werkbild AEG-Elotherm)

7*

über die Spulen ungleichmäßiger werden mußte. Eine Hintereinander-
schaltung sämtlicher 4 Spulen ist aus mechanischen Stabilitätsgründen

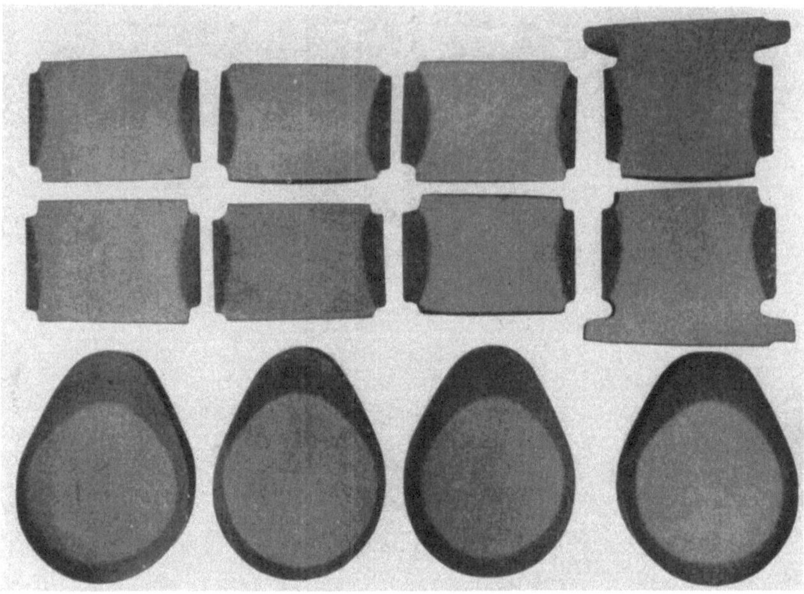

Abb. 80. Schnitt durch die einzelnen Nocken der Nockenwelle. Verlauf der Härteschicht. Material
Grauguß GG 26

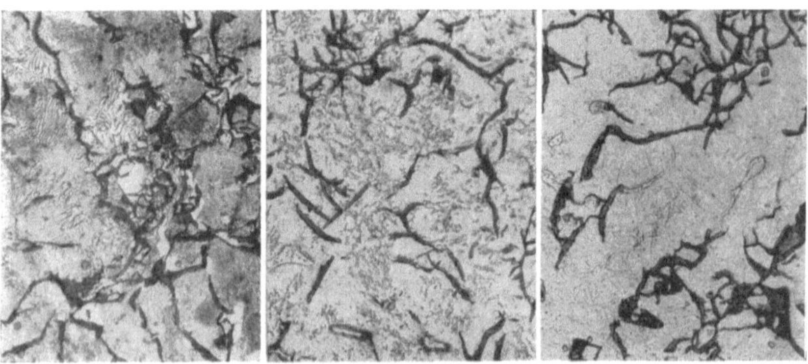

Abb. 81. Gefüge einer gehärteten Nockenwelle aus GG 26
Von links nach rechts: Kern, Übergang, Rand

nicht möglich, ganz abgesehen davon, daß dadurch Anpassungsschwierig-
keiten an dem Generator auftreten. Es zeigte sich, daß für je 2 Nocken
eine Arbeitsspule verwendet werden kann. Diese Spulen kann man hin-

tereinanderschalten, so daß in jeder der gleiche Strom fließt. Die Ausbildung dieser Arbeitsspulen ist in Abb. 79 gezeigt.

Für den bei der Nockenwellenherstellung verwendeten Grauguß liegt die günstigste Härtetemperatur bei 850° bis 900° C (Abb. 33). Die An-

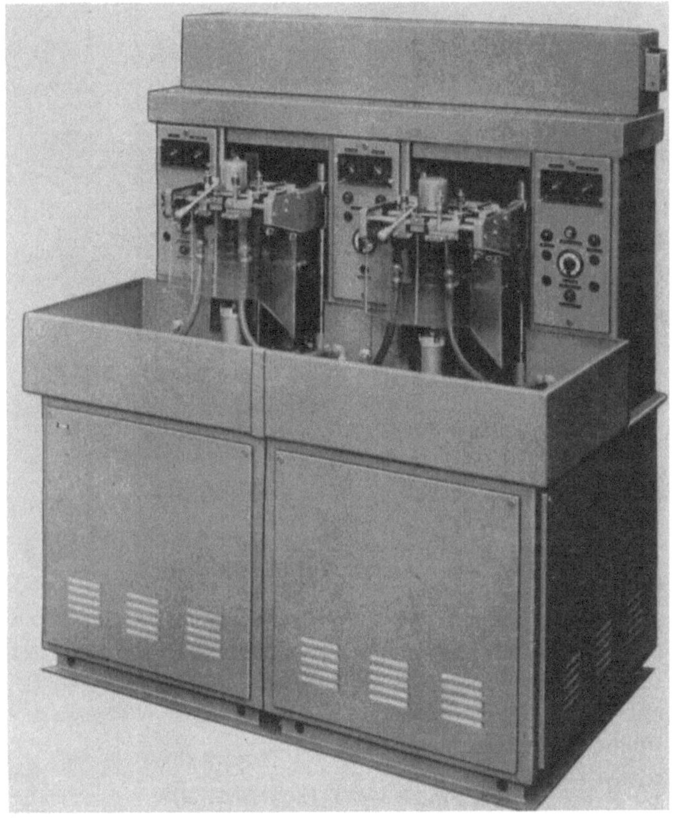

Abb. 82a. Härtemaschine für Nockenwellen mit zwei Stationen, 60 kW-Hochfrequenz-Generator 450 kHz (Werkbild AEG-Elotherm)

wärmzeit beträgt 15 Sekunden und die Mindesthaltezeit 7 Sekunden. Nach einer Verweilzeit von etwa 1 Sekunde wird mit einer Öl-Wasser-Emulsion unter starkem Druck abgeschreckt. Das Ergebnis ist eine Härteschicht von etwa 2 mm Dicke, wobei die Härte zwischen 50 und 53 HRC liegt. In Abb. 80 sind Schnitte durch die Nocken gezeigt.

Abb. 81 zeigt Gefügebilder der Härteschicht, der Übergangszone und des Kernwerkstoffes. In Abb. 82a und b sind Ausschnittansichten der Härteanlage gezeigt [21].

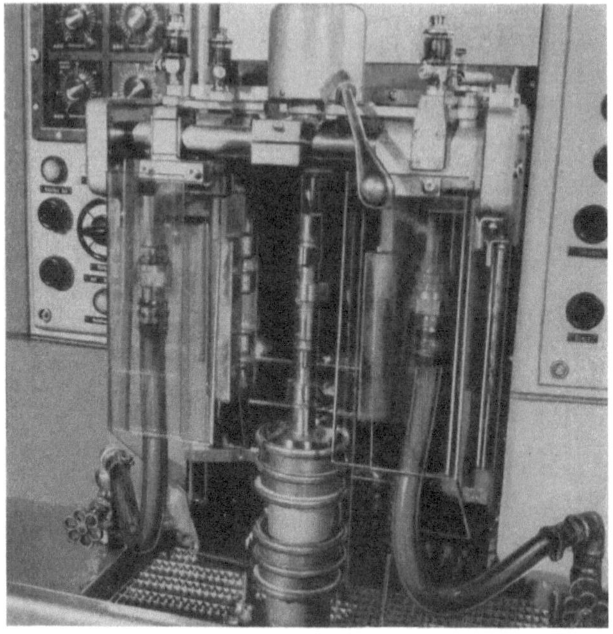

Abb. 82b. Ausschnitt aus Abb. 82: geöffnete Station (Werkbild AEG-Elotherm)

4.6 Die Härtung von Kleinteilen

Unter Kleinteilen sollen solche Teile verstanden werden, die z. B. in der Fahrzeugindustrie vorkommen, insbesondere kleine Motorteile und vor allem Teile der Büromaschinenindustrie. Einige spezielle Beispiele, die symptomatisch für dieses Gebiet sind, und Wirtschaftlichkeitsbetrachtungen werden gegeben.

4.6.1 Stoßdämpfer-Kolbenstangen

In Abb. 83 ist eine Stoßdämpfer-Kolbenstange dargestellt. Diese besteht aus dem Material C 35 und soll auf ihrer Oberfläche zwischen den

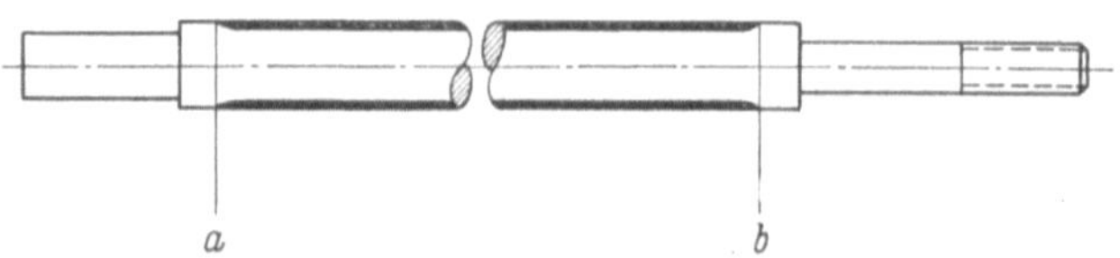

Abb. 83. Stoßdämpfer-Kolbenstange. Die Kolbenstange muß zwischen den Punkten *a* und *b* hochfrequenzgehärtet sein. Die verlangte Einhärtetiefe soll 0,8 bis 1 mm betragen

Punkten a und b gehärtet werden. Es wird ein kontinuierlicher Arbeitsfluß durch die Härtemaschine gefordert, wobei etwa 150 bis 250 Kolbenstangen pro Stunde gehärtet werden sollen. Für die Härtung wird eine zweiwindige Arbeitsspule verwendet, an der auch gleich die Brause angebaut ist. Die Konstruktion der Maschine verbietet es, bei einem kontinuierlichen Durchlauf eine Drehung der Werkstücke vorzunehmen. Aus diesem Grunde müssen die Stoßdämpfer-Kolbenstangen etwas exzentrisch durch die Arbeitsspule laufen, damit eine gleichmäßige konzentrische Härteschicht erzeugt wird. Dies ist notwendig, da infolge der Zuleitungen der Spule das magnetische Feld in ihrem Innern unsymmetrisch ist. Die größte Härtelänge bei den Stoßdämpfer-Kolbenstangen beträgt 208 mm bei einem Durchmesser von 12,5 mm. Es werden aber auch Kolbenstangen mit kürzerer Härtelänge, etwa bis herunter zu 150 mm, verwendet. Die Vorschubgeschwindigkeit ist einstellbar. Im allgemeinen wird mit 25 mm Vorschub pro Sekunde gearbeitet. Die Werkstücke werden in ein Magazin gefüllt und laufen dann automatisch durch die Maschine. Der Vorschub erfolgt durch zwei Rollenpaare, zwischen denen die Arbeitsspule, die Abschreckbrause sowie verstellbare Fühlhebel für die Zu- und Abschaltung der Hochfrequenz liegen.

Bei den großen Kolbenstangen beträgt die reine Härtezeit 9,6 Sekunden, die Stückzeit 12 Sekunden. Der Energieverbrauch beträgt 80 Wattstunden pro Stück.

Ein Vergleich zwischen Einsatz- und Induktionshärtung ergibt bei einem Durchsatz von 80 000 Stück pro Monat einen Aufwand bei der Einsatzhärtung von etwa 54 000 DM, bei der Induktionshärtung einen solchen von etwa 13 000 DM. Die Kosteneinsparungen liegen also ungefähr so, daß bei der Induktionshärtung nur ungefähr ein Viertel des Kostenaufwandes der Einsatzhärtung erforderlich ist. Diese Einsparungen sind aber nicht darauf zurückzuführen, daß pro Kolbenstange so ein geringer Energieverbrauch auftritt, sondern, daß die Härteanlage in den Fertigungsfluß dieses Teiles eingebaut werden konnte und Bearbeitungsgänge, wie auch Transportkosten, zu einem großen Teil eingespart werden.

4.6.2 Ventilkipphebelachsen

In Abb. 84 ist eine Ventilkipphebelachse mit Härtestellen wiedergegeben. Diese Achsen werden an den Lagersitzen der Kipphebel gehärtet. Das Härteverfahren soll in den Fabrikationsgang eingeschaltet sein und möglichst durchlaufend erfolgen. Die Werkstücke kommen auf einem Transportband an, werden in die automatische Härtemaschine durch ein Sammelmagazin eingegeben, am Austritt des Magazins zwischen zwei Spitzen gefaßt, durch eine spezielle Arbeitsspule mit drei Windungen mit angebauter Brause geschickt und dort an den verschiedenen Ventilkipphebelsitzen gehärtet. Nach dem Härteprozeß fallen die Kipphebelachsen aus den Spitzen der Aufnahmevorrichtung heraus und rollen auf ein Transportband, das die gehärteten Achsen zur Schleifmaschine befördert.

Die Ventilkipphebelachsen sind aus gezogenen Rohren gefertigt. Ihre Wandstärke beträgt 3 mm, die Härteschicht 1 mm. Für die Achsen wird

Abb. 84. Ventilkipphebelachse, Rohr 590 mm lang, 25 mm ⌀, 3 mm Wanddicke für einen Vierzylindermotor, an den Kipphebelsitzen induktiv gehärtet. 500 kHz, 23 kW Hochfrequenz-Leistung, Vorschub 25 mm/sek. Länge der Härtezone 22 mm. EHT 0,6 bis 0,8 mm

ein spezieller Kohlenstoffstahl mit 0,42% C verwendet, der weitgehend dem normalen C 45 entspricht. Zur Härtung werden 23 kW Hochfrequenzleistung benötigt.

Das Abschrecken erfolgt hier mit reinem Leitungswasser. Ein Anlaßverfahren ist bei den Achsen nach dem Härten nicht vorgesehen. Weitere Einzelheiten über diese Anlage sind in Kapitel 6.2.2 zu finden. Die Arbeitsspule, mit der die Ventilkipphebelachsen gehärtet werden, ist in Gießkunstharz eingegossen und ist bereits in Kapitel 3.2 besprochen worden (Abb. 48 und Abb. 49).

4.6.3 Rollenlagersitze an Kurbelzapfen

Das nun folgende Beispiel soll zeigen, daß auf einer Maschine ähnliche Teile, doch verschiedener Größe, mit entsprechenden Arbeitsspulen und Brausen in der Serienfabrikation induktiv gehärtet werden können, ohne

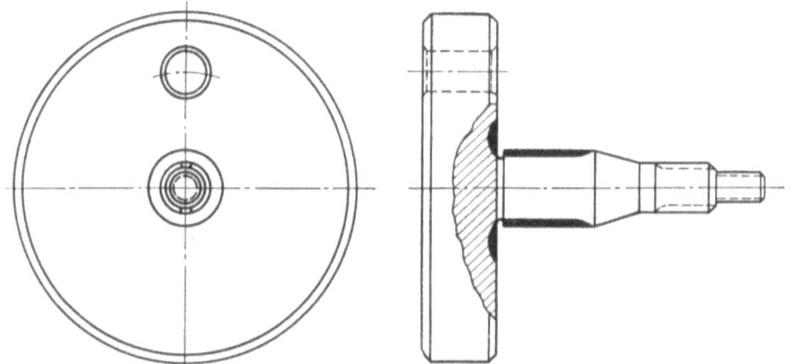

Abb. 85. Schwungscheibe für Kraftradmotor mit eingezeichneter Härteschicht für den Sitz eines Rollenlagers

daß eine Stauung auftritt oder mehrere Härtemaschinen für den Durchsatz benötigt werden. Abb. 85 zeigt ein derartiges Teil, an dem der Sitz eines Rollenlagers zu härten ist. An der Kurbelwange soll eine Anlauffläche gehärtet sein, die in den Kurbelzapfen übergeht, wobei der Kurbelzapfen etwa auf eine Länge von 10 bis 15 mm an der Oberfläche hart sein soll. Die Härteanforderungen sind nicht hoch, es wird eine Mindesthärte von 56 HRC gefordert. Das Material ist geschmiedeter C35. Die Arbeitsspulen für die verschiedenen Teile haben drei Windungen und sind alle in der gleichen Art ausgeführt und mit Kunstharz umgossen, wobei in die Kunstharzumgießung die Brausen mit eingearbeitet sind.

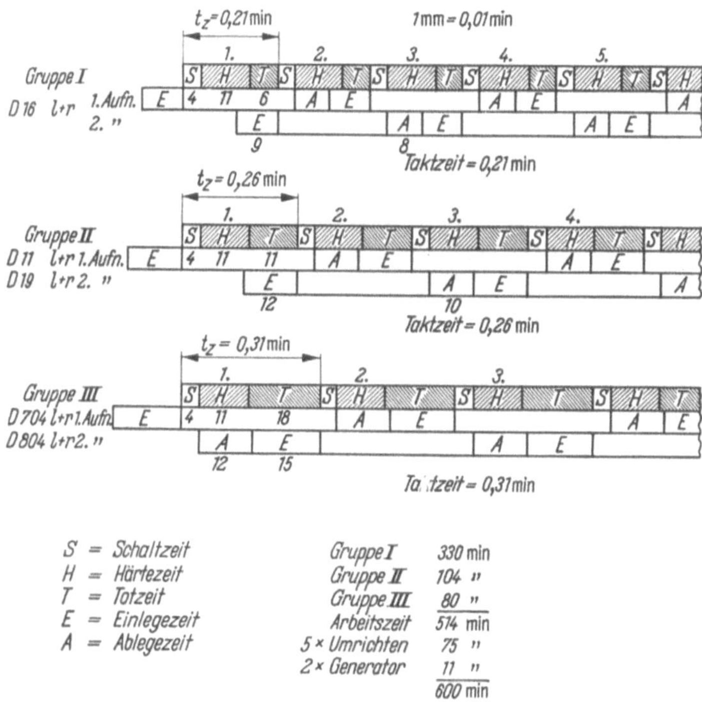

Abb. 86. Taktzeitdiagramm zur Härtung dreier Gruppen Schwungscheiben auf einer Maschine

Die Kurbelzapfen werden auf die Maschine senkrecht aufgesetzt, und die Härterichtung verläuft von unten nach oben, d. h. es wird zuerst im Stand die Lagerlauffläche an der Schwungscheibe gehärtet und dann im Vorschub der Lagersitz auf dem Kurbelzapfen.

Die Härtezeit ist bei sämtlichen Teilen gleich und beträgt 11 Sekunden. Es war nun gefordert, in zwei Schichten zu insgesamt 800 Minuten 2230 Teile durchzusetzen. Bei oberflächlicher Betrachtungsweise könnte man der Meinung sein, daß die Maschine mit dieser Stückzahl bei weitem nicht ausgelastet ist. Es sind aber die bei jeder Arbeit notwendigen Rüst- und Totzeiten zu beachten, die ein ganz anderes Bild ergeben können. Die Maschine arbeitet mit Drehschwingen, auf denen zwei Werkstückaufnahmen angebracht sind, so daß während des Härtens des einen Werkstückes das bereits gehärtete abgelegt und ein neues eingelegt werden kann. Es müssen also die Einlegezeit, die Ablegezeit, die Schaltzeit der Maschine, die Härtezeit und die Totzeit berücksichtigt werden, wobei die letztere zum Ein- und Ausfahren der Arbeitsspule benötigt wird. Berücksichtigt man dies alles und trägt die Zeiten in einem Taktzeitdiagramm auf, so ergibt sich folgendes Bild (Abb. 86): Die erste Werkstückgruppe hat eine Taktzeit von etwa 0,21 Minuten und damit ergibt sich mit 1570 Stück pro zwei Schichten eine Arbeitszeit von 330 Minuten, für die zweite Gruppe eine Taktzeit von 0,26 Minuten und bei einer Stückzahl von 400 eine Gesamtarbeitszeit von 204 Minuten. Für die dritte Gruppe benötigt man eine Taktzeit von 0,31 Minuten und bei einer Stückzahl von 260 eine Gesamtzeit von 80 Minuten. Die Gesamtarbeitszeit ist dann 514 Minuten, dazu kommt ein fünfmaliges Umrichten der Anlage, womit das Auswechseln der Arbeitsspule und der Drehschwingen gemeint ist, sowie ein zweimaliges Umstellen des Hochfrequenzgenerators. Diese Arbeiten beanspruchen 75 bzw. 11 Minuten. Insgesamt ergibt sich eine Bearbeitungszeit von 600 Minuten, so daß für zwei Schichten mit zusammen 800 Minuten noch eine genügende Reserve bleibt.

4.6.4 Pleuel für Kraftfahrzeugmotoren

Hier soll das Härten der großen Bohrung eines Pleuels für Kraftfahrzeugmotoren beschrieben werden. Dabei wird der Herstellungsgang sowie das induktive Härten im Vergleich zum Einsatzhärten behandelt, insbesondere werden die Arbeitsgänge der beiden Härteverfahren auch kostenmäßig dargestellt.

Die für das induktive Härten benötigte Pleuelhärtemaschine wurde nur für die Härtung der großen Bohrung ausgelegt und ist zusammen mit einem 25 kW-Hochfrequenzgenerator in Betrieb. Auf der Maschine werden verschiedene Typen von Pleueln gehärtet, deren große Bohrung Durchmesser von 24 bis 48 mm haben und 6 bis 30 mm breit sind. Um sämtliche Arten von Pleueln mit dieser Anlage härten zu können, ist Stand- und Vorschubhärtung vorgesehen. Die Pleuel werden in einer speziell für jede Type angepaßten auswechselbaren Werkstückaufnahme aufgenommen. Die Zentrierung der Bohrung zur Arbeitsspule wird mit Hilfe eines federnden Zentrierdornes erreicht, der beim Einfahren der Arbeitsspule von ihr selbst aus der Bohrung herausgedrückt wird. Die Pleuel werden in der durch den Zentrierdorn gegebenen Lage mit einem Dauermagnet festgehalten. Pleuel mit kleineren Bohrungen (24 bis 35 mm) werden im Stand gehärtet, die Arbeitsspule taucht bei der Erwärmung von oben her so weit in die Pleuelbohrung ein, bis sie, zentriert zu ihrer Mittelebene, die Bohrung in der ganzen Tiefe ausfüllt.

In dieser Stellung bleibt die Arbeitsspule während der Aufheiz- und Abschreckzeit und fährt dann erst zum Werkstückwechsel in die obere Endlage zurück. Während der Dauer der Aufheizzeit, wie auch der Abschreckzeit, führt die Arbeitsspindel eine Pendeldrehbewegung aus, um Ungleichmäßigkeiten der Erwärmung, wie auch der Abschreckung, auszugleichen. Die größeren Bohrungen werden nach dem Umfang-Vorschub-Verfahren gehärtet, wobei die Arbeitsspule bis zur Unterkante der Pleuelbohrung durchgeführt wird und während des Härteprozesses von unten nach oben die Bohrung durchläuft. Der Werkstückdurchsatz ist sehr stark von den Abmessungen der Pleuel abhängig, jedoch ist es ohne weiteres möglich, bei drei verschiedenen Pleuelabmessungen unter Berücksichtigung der Umrüstzeiten Stückzahlen von 1500 bis 1800 pro Tag zu erreichen. Die Arbeitsspule für ein Pleuel mit 24 mm Bohrungsdurchmesser ist in Abb. 87 dargestellt. Sie hat eine Windung und ist in Kunstharz eingebettet, wobei innerhalb der Arbeitsspule noch ein Hochfrequenzeisenkern eingebracht ist.

Die zugehörigen Brausen sind zweiteilig und als Ringbrausen ausgeführt, bei denen ein Teil der Brause fest mit der Arbeitsspule verbunden

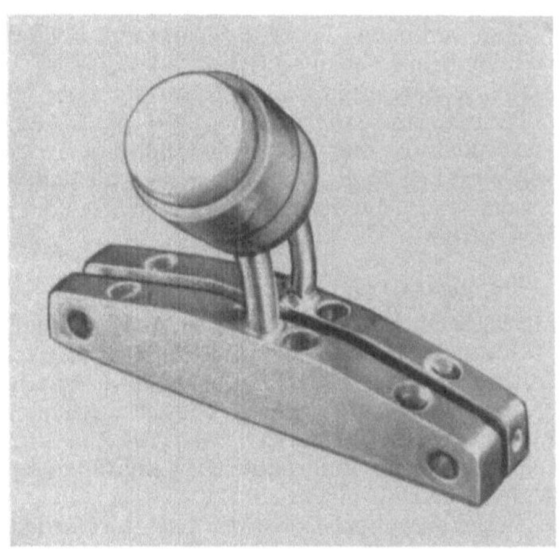

Abb. 87. Arbeitsspule zur induktiven Hochfrequenz-Härtung von Pleueln aus Verbrennungsmotoren (Werkbild AEG-Elotherm)

ist und der zweite Teil der Brause an der Werkstückaufnahme unterhalb des Werkstückes sitzt. Als Material für die Pleuel wird der Stahl 53 MnSi4 verwendet, der auf 75 bis 90 kg/mm² vergütet ist. Die Härte in der großen Bohrung soll HRC 62 ± 2 betragen. In Tabelle 5 wird eine Gegenüberstellung zwischen einem einsatz- und einem hochfrequenzgehärteten Pleuel gegeben, wobei für die Einsatzhärtung der Werkstoff 16 MnCr5 vorgesehen ist. Der Unterschied zwischen beiden Bearbeitungsverfahren beträgt pro Pleuel 2 Minuten Arbeitszeit. Das bedeutet, daß bei einem täglichen Durchsatz von 1000 Stück 2000 Arbeitsminuten eingespart werden können. Nicht berücksichtigt ist bei dem Vergleich der Transport von der mechanischen Werkstatt zur Härterei und zurück sowie ein eventuelles Einsparen von Arbeitskräften. Vorausgesetzt ist bei dem Induktionshärteverfahren, daß die Anlage im Fabrikationsgang eingefügt ist.

Tabelle 5. Fertigungsvergleich von zwei Pleueln,

---

1. Einsatzgehärtet. Werkstoff: 16 Mn Cr 5; Werkstoffkosten: 0,198 DM

1. Material abknüppeln .... 0,06 min
2. Material anwärmen vorschmieden, im Gesenk schlagen, abgraten, lochen und fertig schlagen .... 1,80 min
3. Schmiedekontrolle .... —
4. Schmiedegrat abschleifen .... 0,76 min
5. Normalisieren 860° C–Luft, Br.F.[1]) 60–80 kg/mm² .... 0,04 min
6. Beizen, spülen, neutralisieren .... 0,03 min
7. Trommelfunken.. 0,02 min
8. Fläche anschleifen zum Härteprüfen .... 0,03 min
9. Härtekontrolle Br.F.[1]) 60–80 kg/mm² .... —
10. Kalibrieren... 0,18 min
11. Am kleinen Auge Bohrung vorbohren und fertig drehen, am großen Auge Bohrung fertig drehen zum Schleifen, eine Planseite fertig drehen zum Schleifen (Abb. 88a) .... 1,55 min
12. Am großen Auge zweite Planseite fertig drehen zum Schleifen und Bohrung anschrägen (Abb. 88b) .... 0,60 min
13. Am kleinen Auge 2 Öllöcher bohren, 1 Schlitz fräsen (Abb. 88c)... 0,82 min
14. Am großen Auge 2 Ölschlitze fräsen (Abb. 88d) .... 0,59 min
15. Schlitz und Bohrungen entgraten.................................. 0,37 min
16. Kontrolle .... —

Transport in eine andere Abteilung

17. Schaft und kleines Auge in Antidur tauchen und ganzes Pleuel in Granulat (Holzkohle) einpacken .... 0,47 min
18. Einsetzen 880° C, EHT 0,6–0,8 mm, erkalten lassen im Kasten ..... 0,48 min
19. Auspacken und reinigen .... 0,32 min
20. Leicht stahlkiesfunken.. 0,03 min
21. Härten I, im Drehherd 860° C, abkühlen in Öl .... 0,17 min
22. Reinigen in Tri .... 0,01 min
23. Zwischenglühen 650° C im Kammerofen; im abgedeckten Kasten erkalten lassen .... 0,13 min
24. Auspacken und reinigen .... 0,02 min
25. Beizen, spülen, neutralisieren .... 0,05 min
26. Trommelfunken... 0,03 min
27. Richten zum Salzbad, großes Auge Härten II im Vergütungsbad 830° C, abkühlen in A 5.140 .... 0,21 min
28. Reinigen, auskochen in Wasser, Salzreste 100%ig entfernen...... 0,01 min
29. Trommelfunken... 0,03 min
30. Schaft und kleines Auge im Bleibad 630° C anlassen, Br.F.[1]) 60 bis 80 kg/mm² .... 0,20 min
31. Fläche am Schaft anschleifen für Festigkeitskontrolle (Br.F.[1]) 60 bis 80 kg/mm²) .... 0,03 min
32. Härtekontrolle am Auge HRC 62±2 .... —

Rücktransport

33. Große Bohrung ausschleifen (4 Stück spannen) (Abb. 88e) .... 1,45 min
34. Am großen Auge beide Planseiten schleifen(Abb. 88f) .... 0,74 min
35. In kleines Auge Buchse einpressen (Abb. 88g) .... 0,35 min
36. Richten... 1,46 min
37. Bohrung am kleinen Auge feinstdrehen (Abb. 88h) .... 1,19 min
38. Große Bohrung honen (8 Stück spannen) Abb. 88i) .... 0,50 min
39. Reinigen... —

                                               14,73 min

---

[1]) Brinellfestigkeit

das eine einsatzgehärtet, das andere hochfrequenzgehärtet

2. Hochfrequenzgehärtet. Werkstoff: 53 Mn Si 4; Werkstoffkosten: 0,190 DM

1. Material abknüppeln	0,06 min
2. Material anwärmen, vorschmieden, im Gesenk schlagen, abgraten, lochen und fertig schlagen	1,80 min
3. Schmiedekontrolle	—
4. Schmiedegrat abschleifen	0,76 min
5. Härten 800°–820° C–Öl	0,11 min
6. Reinigen in Tri	0,02 min
7. Anlassen 620° C–Wasser	0,03 min
8. Beizen, spülen, neutralisieren	0,03 min
9. Trommelfunken	0,02 min
10. Fläche anschleifen zum Härteprüfen	0,03 min
11. Härtekontrolle B.F.[1]) 75–90 kg/mm^2	—
12. Kalibrieren	0,18 min
13. Am kleinen Auge Bohrung vorbohren und fertig drehen, am großen Auge Bohrung fertig drehen zum Schleifen, eine Planseite fertig drehen zum Schleifen (Abb. 88a)	1,55 min
14. Am großen Auge zweite Planseite fertig drehen zum Schleifen und Bohrung anschrägen (Abb. 88b)	0,60 min
15. Am kleinen Auge 2 Öllöcher bohren, 1 Schlitz fräsen (Abb. 88c)	0,82 min
16. Am großen Auge 2 Ölschlitze fräsen (Abb. 88d)	0,59 min
17. Schlitz und Bohrungen entgraten	0,37 min
18. Kontrolle	—
19. Große Bohrung HF-Härten; EHT 0,6–1,5 mm	0,46 min
20. Entspannen 1 Std. 160° C	0,02 min
21. Härtekontrolle im großen Auge HRC = 62$^{\pm 2}$	—
22. Große Bohrung ausschleifen (4 Stück spannen) (Abb. 88e)	1,45 min
23. Am großen Auge beide Planseiten schleifen (Abb. 88f)	0,74 min
24. In kleines Auge Buchse einpressen (Abb. 88g)	0,35 min
25. Richten	1,05 min
26. Bohrung am kleinen Auge feinstdrehen (Abb. 88h)	1,19 min
27. Große Bohrung honen (8 Stück spannen) (Abb. 88i)	0,50 min
28. Reinigen	—
	12,73 min

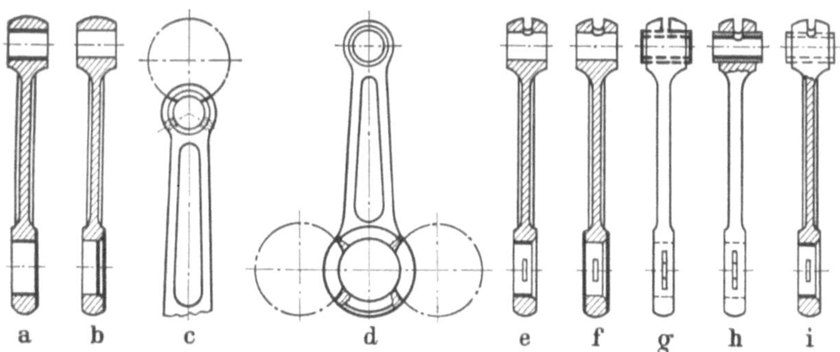

Abb. 88. Fertigung eines Pleuels (s. Tab. 5)

Das Ergebnis der induktiven Härtung läßt sich aus dem in Abb. 89a und b dargestellten metallographischen Befund am besten erkennen. Die Härteschicht hat eine Dicke von 1,1 mm und eine Härte, die im Durch-

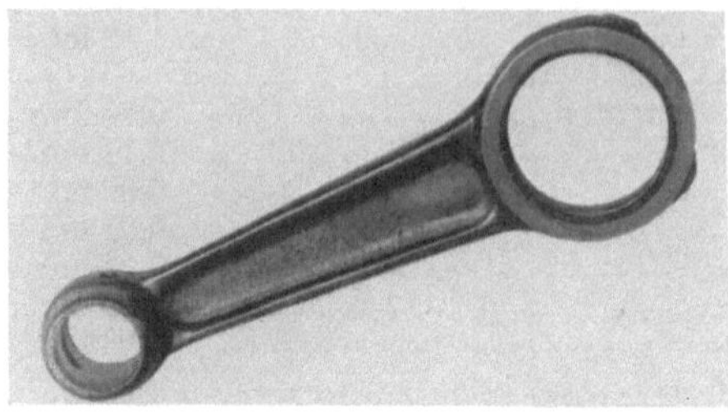

a   b

Abb. 89a und b. Gefüge eines induktiv gehärteten Pleuels (großes Auge)
a) Gesamtansicht des Pleuels. Im großen Auge ist die Härteschicht durch Ätzung markiert,
b) Schnitt durch das große Auge mit angeätzter Härteschicht

schnitt bei HRC 63 liegt. Nach dem Härten werden die Teile in einem Luftumwälzofen angelassen, so daß dann die Härtewerte bei HRC 62 liegen [22].

4.6.5 Einstellschrauben und Kipphebel

In der Abb. 90 sind Kipphebel und Ventileinstellschrauben gezeigt. An den Kipphebeln sollen die Abwälzflächen und an den Einstell-

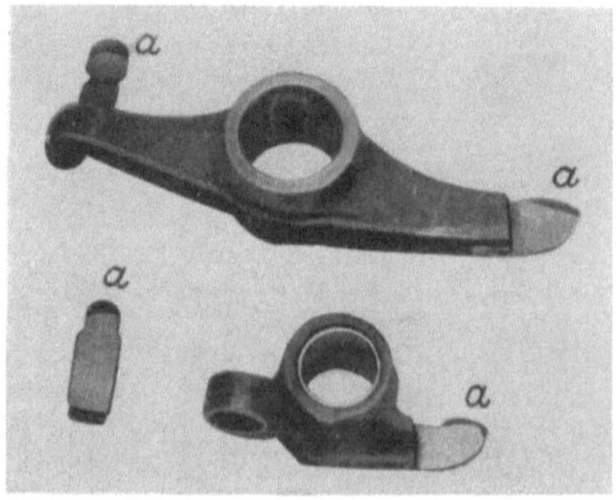

Abb. 90. Kipphebel und Einstellschrauben eines Automobilmotors
a = Härtestellen

schrauben die Kugelköpfe gehärtet werden. Die beiden Teile sind bezüglich der Härteschicht wesensgleich, so daß die Möglichkeit besteht, sie beide auf einer Maschine gleichzeitig zu härten. Dies wird auch durchgeführt, wobei eine Drehtellermaschine Verwendung findet und die Teile von Hand eingelegt werden. Die zu härtenden Stellen der Teile laufen mit konstanter Geschwindigkeit unter einer Arbeitsspule entlang, welche die Form einer langgestreckten Acht hat. Beim Austritt aus der Arbeits-

Abb. 91. Drehtisch zur induktiven Hochfrequenz-Härtung von Kipphebeln und Einstellschrauben
(Werkbild AEG-Elotherm)

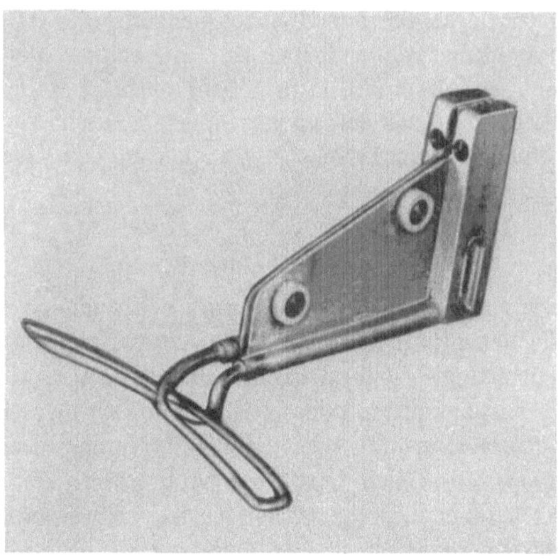

Abb. 92. Arbeitsspule zur Hochfrequenz-Härtung von Kipphebeln und Einstellschrauben nach
Abb. 90 und 91

spule (Erwärmungszone) werden die Teile durch einen dauernd fließenden Wasserstrahl abgeschreckt und automatisch sortiert aus der Maschine ausgeworfen. Mit dieser Maschine können pro Stunde 1000 Teile gehärtet werden. Abb. 91 zeigt den Drehtisch, Abb. 92 die Arbeitsspule. Da die Teile infolge der mechanischen Bearbeitung unvermeidliche Maßtoleranzen haben, werden sie so in die Maschine eingebracht, daß mit Hilfe einer Lehre der Abstand zwischen Arbeitsspule und Werkstück auf das richtige Maß korrigiert wird. In Abb. 91 sieht man diese Lehre, die auf der linken Seite vor der Arbeitsspule angebracht ist. Die Anlage arbeitet mit einem 20 kW-Hochfrequenzgenerator bei einer Frequenz von 560 kHz [22].

4.6.6 Exzenterwellen

In Absatz 4.6.4 wurde bereits ein Arbeitsvergleich zwischen Einsatz- und Induktionshärtung bei einem Pleuel gezeigt. Dies möge im folgenden an einem etwas einfacheren Teil nochmals wiederholt werden. Das Interessante ist, daß hierbei ein noch größerer Unterschied in der Bearbeitungszeit zutage tritt. An dem Teil einer Exzenterwelle soll die Nadellauffläche von 38 mm Durchmesser und 16 mm Breite gehärtet werden. Dies wird im Vorschubverfahren mit einem 25 kW-Hochfrequenzgenerator durchgeführt. Die Ausführung der Härtung ist entsprechend dem bereits beschriebenen Beispiel möglich und soll daher nicht weiter besprochen werden. Die Arbeitseinsparungen, die sich zwischen Einsatz- und Induktionshärtung ergeben, gehen aus Tabelle 6 hervor. Bei der Gegenüberstellung zwischen Einsatz- und Hochfrequenzhärtung ergibt sich eine Differenz von 4,92 Minuten zugunsten der Hochfrequenzhärtung. Diese Beispiele lassen sich ohne Mühe weiter fortsetzen, die beiden hier gebrachten können nur einen Anhaltspunkt dafür geben, denn die Höhe der Kosteneinsparungen bei Induktionshärtung ist einmal von dem Werkstück, zum anderen von den fabrikatorischen Möglichkeiten des Herstellers und nicht zuletzt von der Stückzahl abhängig.

4.6.7 Teile aus der Feinwerktechnik

Kleinteile, wie sie in der Feinwerktechnik gebräuchlich sind, werden zumeist aus Blechen gestanzt, und durch weitere spanlose Verformung in den gebrauchsfertigen Zustand übergeführt. Vielfach müssen an derartigen Teilen Anschlagkanten oder Rollbahnen hart sein. Bisher konnten diese nur durch Einsatz- oder Salzbadhärtung verschleißfest gemacht werden. Grundsätzlich tritt aber die Schwierigkeit auf, daß die Teile nach der Härtebehandlung starken Verzug aufweisen. Die Einsatzhärtung hat auf den ersten Blick gegenüber der Induktionshärtung einige Vorteile. Man kann die Teile als Schüttgut behandeln und in größeren Mengen im Ofen aufkohlen und nach der Kohlungsbehandlung in der gleichen Art härten. Außerdem ist der Stahl für die Einsatzbehandlung im allgemeinen billiger als ein Kohlenstoffstahl, der induktiv härtbar ist. Eine solche Betrachtung würde aber zu einem Trugschluß führen, wenn die Richtkosten bei der Einsatz- oder Salzbadhärtung nicht berücksichtigt werden. Obwohl bei der Induktionshärtung das Ausgangsmaterial mehr kostet und jedes Stück für sich einzeln gehärtet werden muß, wird das Induktionshärten billiger als die anderen Härteverfahren. Man spart dabei die Richtarbeiten fast völlig ein und kann, wie es bei anderen Induktionshärteanlagen auch gemacht wird, die Härtung im Produktionsfluß durchführen.

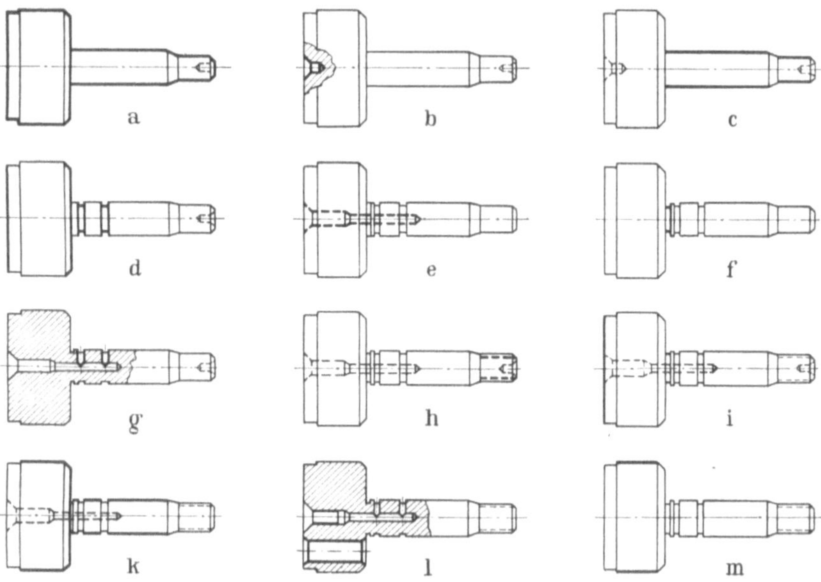

Abb. 93a bis m. Fertigung einer Exzenterwelle mit Einsatzhärtung nach Tab. 6. Die in den Unterabbildungen stark ausgezogenen Linien entsprechen der Bearbeitung (zu Tab. 6, Seite 106)

Bei der Induktionshärtung von gestanzten Kleinteilen verwendet man Bleche aus Ck 35 oder Ck 45. Es ist aber in Sonderfällen durchaus möglich, eingesetzte Blechteile, bei denen die aufgekohlte Schicht im Einsatz oder durch Gasaufkohlung erzeugt wurde, induktiv zu härten. Bei Blechen aus Ck 35 bzw. Ck 45 kann infolge ihres Herstellungsganges eine dünne randentkohlte Schicht vorhanden sein, die aber meist nicht dicker als 0,1 mm ist. Diese Schicht stört zumindest dann nicht, wenn nur die Schnittkanten der Teile hart sein müssen. Sollen die Oberflächen der Teile oder Ränder an Durchbrüchen hart sein, ist es zweckmäßig, die Teile entweder vor oder nach dem Härten leicht überzuschleifen.

Tabelle 6. Fertigungsvergleich von Exzenterwellen,

1. Einsatzgehärtet. Werkstoff: 16 Mn Cr 5; Werkstoffkosten: 0,866 DM

1. Auf Automat: vorn plandrehen, zentrieren, Gewinde-$\varnothing$ auf Schleif-maß und Schaft-$\varnothing$ auf doppeltes Schleifmaß und 2 Schrägen drehen, hinten plan mit Aufmaß zum Einsatz abdrehen, Nadellauf-$\varnothing$ auf Schleifmaß drehen, Ansatz fertig drehen, Innenseite anschrägen, auf Länge abstechen (Abb. 93a) .... 0,80 min
2. Kontrolle .... —
3. Abstechbutzen abschleifen .... 0,10 min
4. Abstechseite zentrieren (Abb. 93b) .... 0,37 min

Transport in eine andere Abteilung

5. Schaft mit einer Hülse abdecken und in Kasten packen zum Ein-setzen .... 0,16 min
6. Einsetzen 880°–900° C, EHT 0,5–0,7 mm, im Kasten erkalten lassen   0,15 min
7. Auspacken und reinigen .... 0,02 min
8. Härtekontrolle EHT 0,5–0,7 mm .... —
9. Zentrum ausschleifen .... 0,18 min
10. Richten zwischen Spitzen .... 0,20 min

Rücktransport

11. Gewinde-$\varnothing$ fertig schleifen zum Gewinde walzen, Schaft-$\varnothing$ vor-schleifen zur Aufnahme (Abb. 93c) .... 1,55 min
12. An großer Stirnseite Einsatz ab- und auf Länge mit Schleifaufmaß drehen, 2 Ölnuten einstechen, an Innenseite Einsatz abdrehen mit Aufmaß zum Schleifen (Abb. 93d) ....
13. Große Planseite zentr. 60°, Bohrung vor- und fertig bohren (Abb. 93e) ⎱
14. Schrägeinstich drehen (Abb. 93f) .... ⎰ 5,50 min
15. 2 Querlöcher bohren, innen und außen entgraten (Abb. 93g) ......
16. Gewinde walzen (Abb. 93h) ....
17. Kontrolle .... —

Transport in eine andere Abteilung

18. Gewinde mit Muttern abdecken .... 0,10 min
19. Härten im Drehherd .... 0,13 min
20. Reinigen in Tri .... 0,01 min
21. Anlassen 160° C .... 0,01 min
22. Trommelfunken... 0,02 min
23. Härtekontrolle HRC 62 + 2 am großen $\varnothing$ (beide Planflächen, Schaft und Gewinde müssen weich sein) .... —
24. Gewinde nachschneiden .... 0,36 min
25. Zentrum anschleifen .... 0,17 min
26. Richten zwischen Spitzen .... 0,20 min

Rücktransport

27. Große Stirnseite plan auf Höhe schleifen (Abb. 93i) .... 0,90 min
28. Schaft-$\varnothing$ und große innere Planseite fertig schleifen, großen $\varnothing$ schlei-fen zum Läppen (Abb. 93k) .... 5,35 min
29. Kontrolle .... —
30. Stiftloch vorbohren, senken und fertig reiben, beiderseits senken, Bohrung für Dichtbuchse nachsenken und auf Tiefe fertig reiben (Abb. 93l) .... 6,80 min
31. Nadellauf-$\varnothing$ läppen (Abb. 93m)................................. 1,10 min
32. Reinigen, einfetten .... —
33. Kontrolle .... —

24,18 min

die eine einsatzgehärtet, die andere hochfrequenzgehärtet

---

2. Hochfrequenzgehärtet. Werkstoff: 53 Mn Si 4, vergütet 75—90 kg/mm²;
Werkstoffkosten: 0,894 DM

1. Auf Automat: vorn plandrehen, zentrieren, Gewinde-$\varnothing$ und Schaft-$\varnothing$ auf Schleifmaß drehen, 2 Rillen einstechen, 2 Schrägen drehen, hinten plandrehen mit Aufmaß zum Schleifen, Nadellauf-$\varnothing$ auf Schleifmaß drehen, Innenseite anschrägen und vorn Ansatz fertig drehen, auf Länge mit Aufmaß zum Planschleifen, abstechen (Abb. 94a) .... 1,50 min
2. Kontrolle .... —
3. Abstechbutzen abschleifen .... 0,10 min
4. Nadellauf-$\varnothing$ HF-Härten (Abb. 94b) .... 0,25 min
5. Entspannen 160° C .... 0,02 min
6. Härtekontrolle .... —
7. Große Stirnseite plan auf Länge mit Schleifmaß drehen, Kante 0,3/45° brechen, zentrieren 60° Bohrung für Dichtbuchse vor- und Tiefe fertig bohren, Ölbohrung auf Tiefe fertig bohren, Buchsenbohrung ausdrehen und fertig reiben (Abb. 94c) .... 3,20 min
8. Gewinde-$\varnothing$ fertig schleifen zum Gewinde walzen (Abb. 94d) .... 0,85 min
9. Schrägeinstich drehen (Abb. 94d) .... 0,60 min
10. 2 Querlöcher bohren, innen und außen entgraten (Abb. 94e) .... 0,70 min
11. Gewinde walzen (Abb. 94e) .... 0,14 min
12. Kontrolle .... —
13. Große Stirnseite plan auf Höhe fertig schleifen (Abb. 94f) .... 1,20 min
14. Schaft-$\varnothing$ und große Innenplanseite fertig schleifen, Nadellauf-$\varnothing$ schleifen zum Läppen (Abb. 94f) .... 5,00 min
15. Kontrolle .... —
16. Stiftloch vorbohren, senken und fertig reiben, beiderseits senken (Abb. 94g) .... 4,80 min
17. Nadellauf-$\varnothing$ fertig läppen (Abb. 94h) .... 0,90 min
18. Reinigen, einfetten .... —
19. Kontrolle .... —

                                                                      19,26 min

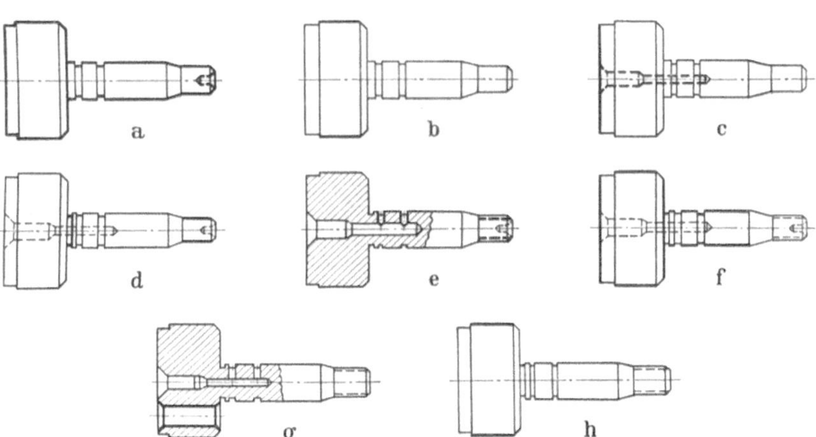

Abb. 94a bis f. Fertigung einer Exzenterwelle mit Hochfrequenzhärtung nach Tab. 6. Die in der Unterabbildung stark ausgezogenen Linien entsprechen dem Fertigungsablauf

8*

In Abb. 95 sind drei verschiedene Teile gezeigt, an denen die Härteschichten markiert sind. Die Arbeitsspulen sind so ausgebildet, daß sämt-

Abb. 95. Induktiv gehärtete Büromaschinenteile. a = Härtestellen

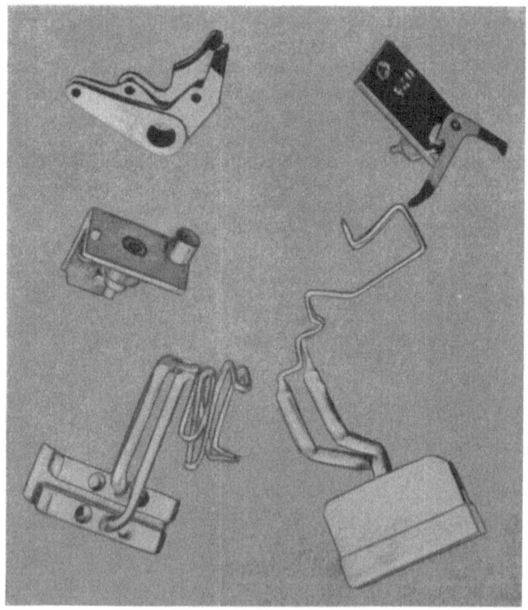

Abb. 96. Gestanzte Büromaschinenteile induktiv gehärtet und zugehörige Arbeitsspulen

liche Härtestellen in einem Arbeitsgang aufgeheizt und abgeschreckt
werden. Abb. 96 zeigt noch einige gestanzte Büromaschinenteile mit den
dazugehörigen Arbeitsspulen. Die nachfolgenden Abbildungen zeigen
einige charakteristische Härtebeispiele (Abb. 97 bis 99) [23].

Abb. 97. Im Vorschubverfahren gehärtete Mikrometerspindel. Man sieht an der durchgeschnittenen Spindel in Makroätzung die Härteschicht dunkel angelegt (Werkbild BBC)

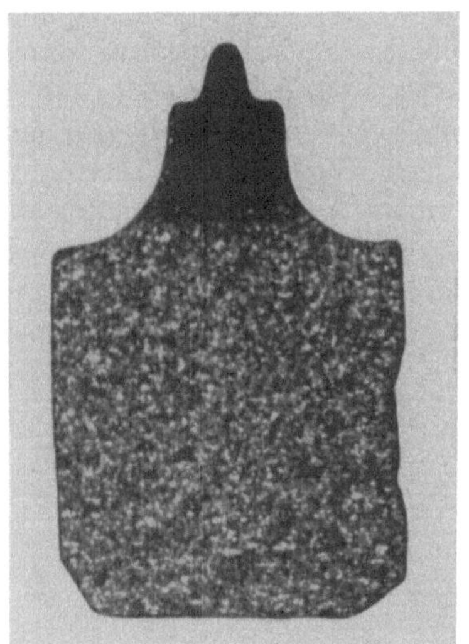

Abb. 98. Abwälzfräser für Uhrenzahnräder; die Zähne sind allzahngehärtet. Makroätzung des Schliffes. Der gehärtete Zahn erscheint schwarz (Werkbild BBC)

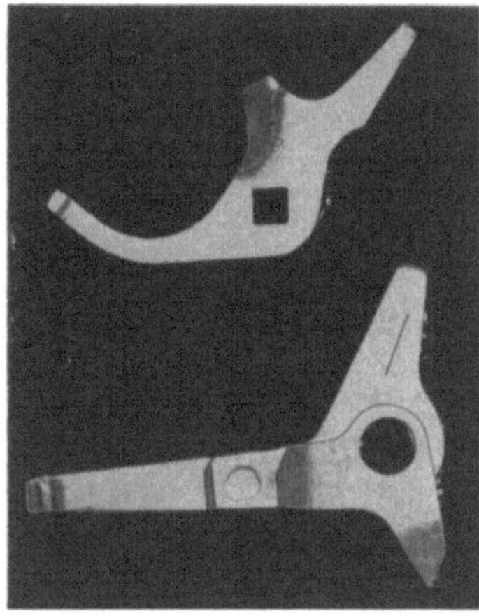

Abb. 99. Partielle induktive Härtung an Klinken (Werkbild BBC)

4.7 Innenhärtungen

Unter Innenhärtungen wollen wir sämtliche Härtungen verstehen, die im Innern eines Werkstückes vorgenommen werden. Es handelt sich also um Bohrungen. Diese Bohrungen können Sacklöcher oder durchgehende Bohrungen, z. B. Lager oder dgl., sein. Für glatte Bohrungen werden ein- oder mehrwindige Arbeitsspulen verwendet. Bei einer Innenhärtung wird stets mit dem Außenfeld der Arbeitsspule gearbeitet. Da dieses Feld nicht so hochkonzentriert geführt werden kann, wie dies bei der Härtung von Bolzen der Fall ist, also bei einer Härtung im Innenfeld einer Arbeitsspule, ist auch der Wirkungsgrad stets schlechter als bei einer Härtung im Spuleninnenfeld. Der Wirkungsgrad der Energieübertragung zum Werkstück sinkt mit kleiner werdendem Bohrungsdurchmesser [2], [24]. Man kann in dieser Hinsicht noch Vorteile erreichen, wenn die Arbeitsspule mit einem magnetisch gut leitenden Material, z. B. Hochfrequenzeisen, ausgefüllt wird. Eine wirtschaftliche untere Grenze ist bei

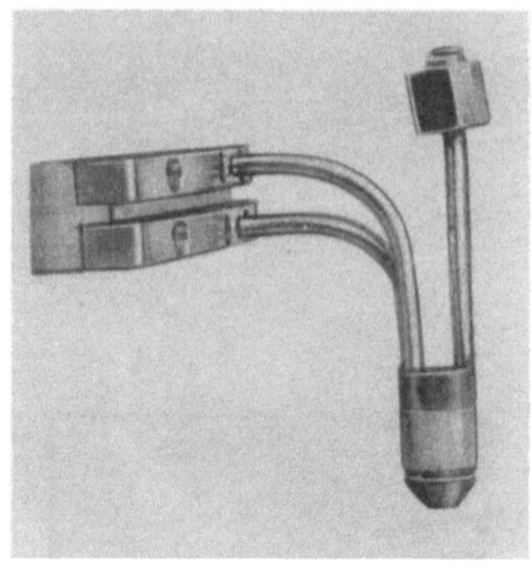

Abb. 100a

Bohrungen von 12 bis 15 mm Durchmesser gegeben. Man wird daher meist Bohrungen erst von 17 bis 20 mm Durchmesser an aufwärts induktiv innen härten. Arbeitsspulen für Bohrungen mit mehr als 17 mm Durchmesser sind kreisrund. Bei kleineren Bohrungen hingegen müssen haarnadelförmige Arbeitsspulen verwendet werden, um noch mit einigermaßen günstigem Wirkungsgrad arbeiten zu können. In Abb. 100a und b sind Arbeitsspulen für Innenhärtungen dargestellt.

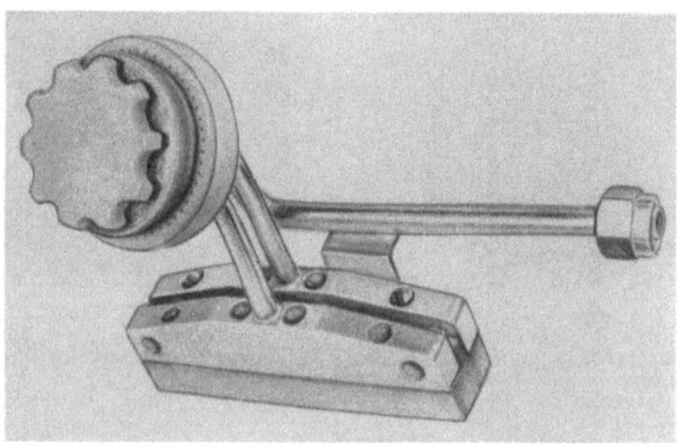

Abb. 100b
Abb. 100a und b. Arbeitsspulen für die induktive Hochfrequenz-Härtung von Bohrungen
(Werkbild AEG-Elotherm)

4.7.1 Härtung des Arbeitszylinders eines Preßlufthammers

Abb. 101 zeigt den Innenraum des Arbeitszylinders eines Preßlufthammers, der gehärtet werden soll. Die Härtung ist hier nicht ganz einfach, da in der Wand entlang der Bohrung, die 1 mm tief eingehärtet werden soll, Luftkanäle verlaufen, deren Wandstärke nach der Zylinder-

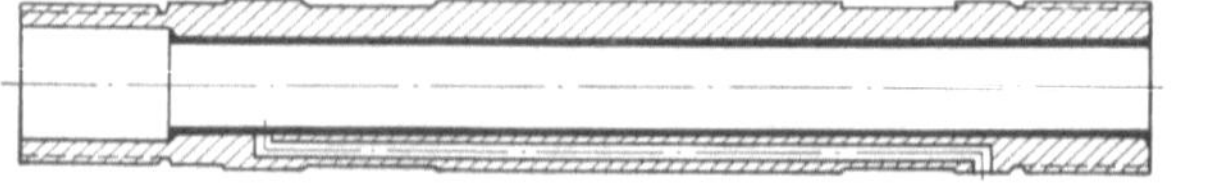
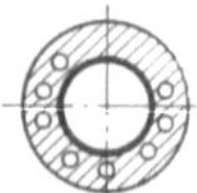

Abb. 101. Längsschnitt durch den Arbeitszylinder eines Preßlufthammers

bohrung verhältnismäßig dünn ist. Hier besteht die Gefahr, daß die Wand an dieser Stelle aufreißt. Die Bohrung hat 35 mm Durchmesser. Es wird mit einer kreisförmigen Arbeitsspule gearbeitet, die in ihrem Innenraum einen Hochfrequenzeisenkern hat. Die Brause ist direkt an der Arbeitsspule angebracht. Man härtet den Kolben von innen nach außen mit einer Vorschubgeschwindigkeit von etwa 25 mm/sek. Es wird eine Leistung von etwa 34 kW benötigt. Als Abschreckmittel dient Wasser. In Abb. 102 ist ein Querschnitt durch einen solchen Preßluftzylinder gezeigt, aus dem auch die Dicke der Härteschicht entnommen werden kann.

4.7.2 Fahrradnaben

In Abb. 103 ist ein Schnitt durch eine Fahrradnabe gezeigt. In der Zeichnung sind die Stellen markiert, die gehärtet werden sollen. Es sind dies zwei Kugellaufflächen, ein Gesperre und eine zylindrische Bohrung. Die Härtung wird in zwei Stufen vorgenommen, und zwar wird zuerst das Gesperre und das zylindrische Stück der Nabe gehärtet sowie die in diesem Zug sitzende Kugellauffläche. Als zweiter Arbeitsgang wird die einseitig sitzende Kugellauffläche gehärtet. Das Gesperre, die zylindrische Bohrung und die zugehörige Kugellauffläche werden trotz der verschiedenen Durchmesser mit *einer* Arbeitsspule gleichen Durchmessers bearbeitet. Die Vorschubgeschwindigkeiten wechseln hierbei. Das Gesperre und das zylindrische Stück werden mit Vorschubgeschwindigkeiten, die sich nur wenig unterscheiden, und zwar wird das Gesperre mit 22 mm/sek und die zylindrische Bohrung mit 18 mm/sek gehärtet. Die dazugehörige

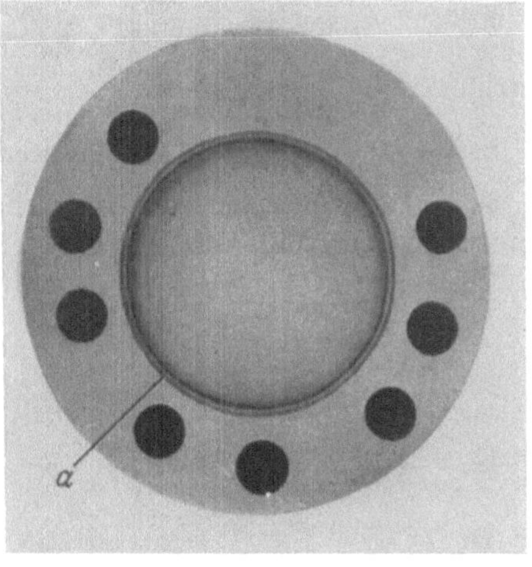

Abb. 102. Querschnitt durch den Arbeitszylinder eines Preßlufthammers. Makroschliff. Die Härteschicht ist angeätzt und bei der mit *a* bezeichneten Stelle zu sehen

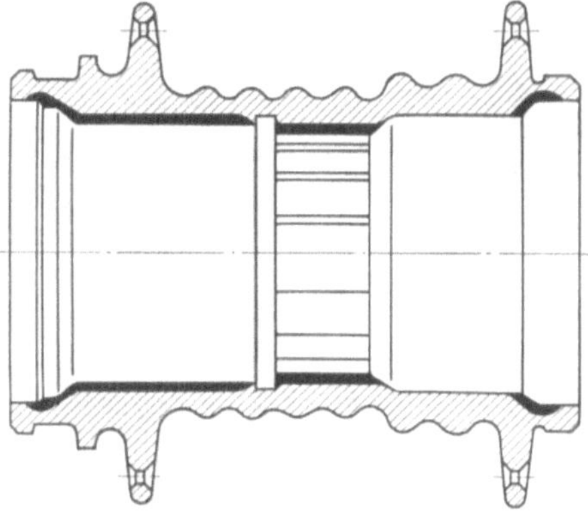

Abb. 103. Nabenhülse für Fahrradfreilaufnabe. Die gewünschte Härteschicht ist schwarz angelegt

Kugellauffläche wird im Stand erwärmt und abgeschreckt. Die Hochfrequenzleistung beträgt 34 kW. Die gleiche Leistung ist zur Härtung der auf der anderen Seite der Nabe sitzenden Kugellauffläche notwendig. Nach der Härtung des Gesperres, des zylindrischen Teiles und des einen Kugellagersitzes, wird die Nabe in der Maschine automatisch gewendet und der zweite Kugellagersitz wiederum im Stand aufgeheizt und abgeschreckt.

4.7.3 Nadellagerbuchsen

Im nächsten Beispiel soll die Härtung von Nadellagerbuchsen besprochen werden. Eine Zeichnung dieser Nadellagerbuchsen gibt Abb. 104 wieder. Die Teile bestehen aus dem Stahl C 45 und sollen auf der Innenfläche sowie auch auf dem Boden in einem Arbeitsgang gehärtet werden. Es wird hierzu eine Arbeitsspule mit 3 Windungen aus Rechteckkupferrohr verwendet. Diese ist als Zylinderspule ausgebildet und hat in ihrem Inneren einen Hochfrequenzeisenkern. Ihre unterste Windung hat einen etwas kleineren Durchmesser und wird hochkant gewickelt, außerdem ist die ganze Spule zur besseren Stabilität mit quarzgefülltem Kunstharz ausgegossen. Zur Härtung wird sie in die Nadellagerbuchse eingeführt, wobei die Buchse mit etwa 300 U/min rotiert. Die Aufheizzeit beträgt etwa 0,3 Sekunden. Nach dem Aufheizen wird von innen und

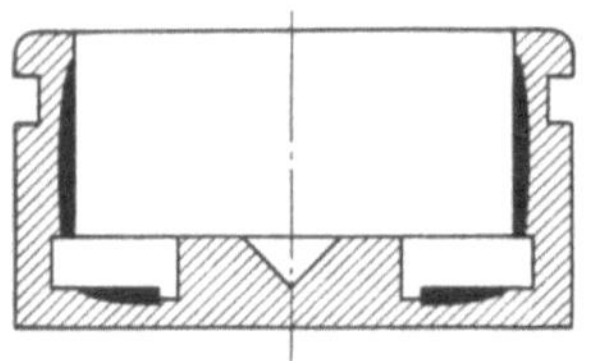

Abb. 104. Zeichnung einer Nadellagerbuchse mit angedeuteter Härteschicht

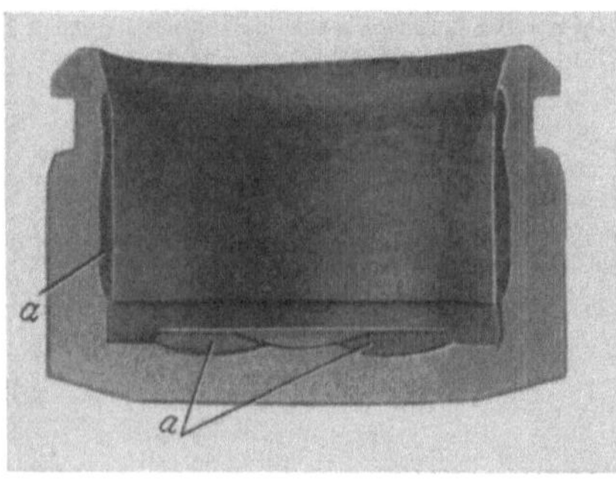

Abb. 105. Schnitt durch eine gehärtete Nadellagerbuchse. Makroätzung. Die Härteschicht ist an den mit *a* bezeichneten Stellen

außen mit Wasser abgeschreckt. Der Arbeitsgang wird auf einer Maschine mit einem Drehtisch durchgeführt, wobei die Nadellager magnetisch festgehalten werden. Abb. 105 zeigt einen Schnitt durch die gehärtete Nadellagerbuchse [2], [22].

5 Mittel- und Hochfrequenzgeneratoren

5.1 Mittelfrequenzgeneratoren

Mittelfrequenzgeneratoren sind Maschinenumformer, die aus einem Antriebsmotor und einem Mittelfrequenzgenerator bestehen. Ihre Arbeitsfrequenzen liegen zwischen 150 und 10000 Hz. Die genormte Frequenzreihe ist 500 Hz, 2000 Hz (5000 Hz) und 10000 Hz. Die Leistung von Mittelfrequenzumformern geht von einigen Kilowatt bis über 1000 kW. Die für Erwärmungsanlagen empfohlenen Leistungen sind 10 kW, 30 kW, 50 kW, 100 kW, 200 kW, 300 kW, 600 kW und 1000 kW. Diese Leistungsreihe reicht jedoch für die Praxis nicht aus, da sie zu grobstufig ist. Statt der zehnstufigen Leistungsreihe wird eine höherstufige mit feinerer Unterteilung verwendet, wobei die Leistungsgrenzen ausgeweitet sind. Für die verschiedenen Bedarfsfälle stehen Umformer mit Mittelfrequenzleistungen von 2,5 kW bis 2500 kW zur Verfügung. Die größten bisher gebauten Maschinenumformer für mittlere Frequenzen sind für Schmelzofenanlagen angewendet worden, und ihre Leistung beträgt 2500 kW.

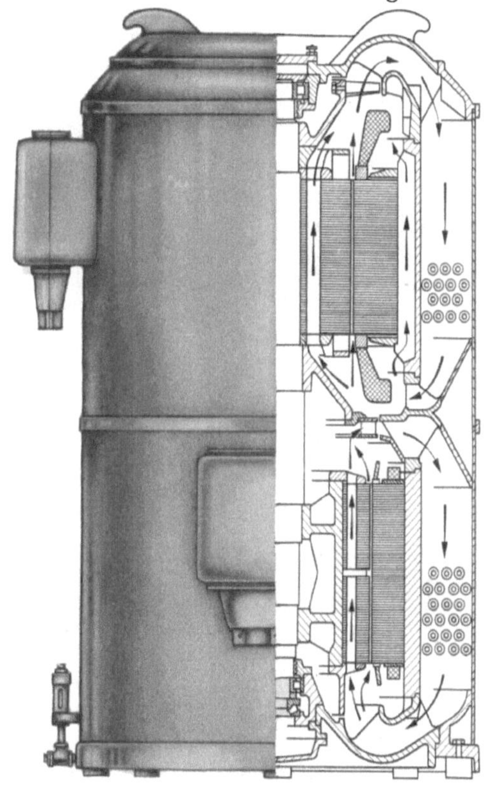

Abb. 106. Schnitt durch einen Mittelfrequenzumformer 100 kW, 10 000 Hz (Werkbild EMA). Antriebsmotor: oben, Mittelfrequenzgenerator: unten

Mittelfrequenzgeneratoren sind fremderregt, wobei die Gleichstromerregung entweder über eine Erregermaschine oder über einen Gleichrichter erfolgt. Es ist zweckmäßig, die Gleichstromerregerleistung zu regeln, um die magnetische Trägheit der Maschinen auszugleichen und auch die Erwärmungsführung entsprechend einstellen zu können. Eventuell wird sogar mit einer Programmregelung gearbeitet. Die

Abb. 107. Hochfrequenzgenerator für 40 kHz und 250 kHz umschaltbar, 250 kW (Werkbild Firma Fritz Düsseldorf, Freiburg)

Abb. 108. 250 kW-Generator mit 40 kHz- bzw. 250 kHz-Ausgang nach Abb. 107 mit zwei Härtemaschinen (Werkbild Firma Fritz Düsseldorf, Freiburg)

Wechselstromwicklung sowie die Gleichstromwicklung sind meist ruhende Wicklungen und liegen im Ständer der Maschine. Abb. 106 zeigt einen Schnitt durch einen derartigen Mittelfrequenzgenerator [25].

Mittelfrequenzumformeranlagen können aus mehreren Maschinen bestehen, mit der Möglichkeit bei einheitlicher Frequenz die Maschinen parallelzuschalten und zu synchronisieren. Insbesondere werden solche Anlagen beim Schmiede- und auch beim Schmelzbetrieb benutzt. Für Härteanlagen werden im allgemeinen Einzelanlagen verwendet, da diese beweglicher und anpassungsfähiger sind.

In neuerer Zeit werden auch Mittelfrequenzgeneratoren mit Röhren als statische Generatoren gebaut. Diese Generatoren liegen mit ihren Frequenzen allerdings nicht unter 10000 Hz, und man kann diese bereits als Hochfrequenzgeneratoren bezeichnen. Sie arbeiten meist mit Frequenzen zwischen 40000 Hz und 80000 Hz. Generatoren mit höherer Frequenz werden ausschließlich als Hochfrequenzgeneratoren bezeichnet und haben Frequenzen über 100 kHz. Abb. 107 zeigt einen Generator, der mit 40 kHz arbeitet und auf eine Frequenz von 250 kHz umschaltbar ist. In Abb. 108 ist dieser von seiner Ausgangsseite aus mit angeschlossenen Härtemaschinen gezeigt.

5.1.1 Mittelfrequenzgenerator-Systeme

Mittelfrequenzgeneratoren können ein- oder mehrphasig gebaut werden. Einphasig werden sie meistens für die Induktionserwärmung, mehrphasig bis 300 Hz zum Antrieb von Werkzeugmaschinen, insbesondere von sogenannten Schnellfrequenzmaschinen, benutzt. Weiter findet man mehrphasige Mittelfrequenzmaschinen von 300 bis etwa 1000 Hz für die Versorgung von Bordanlagen bei Flugzeugen.

Für Frequenzen bis 800 Hz werden sogenannte Schenkelpolmaschinen gebaut. Diese entsprechen in ihrem Aufbau auch den für 50 Hz gebauten Generatoren und

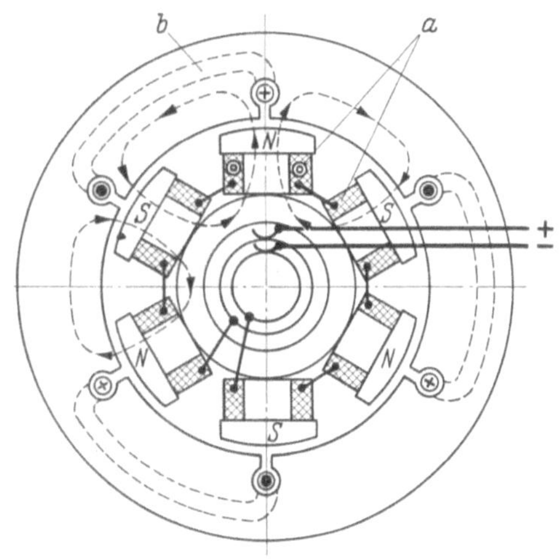

Abb. 109. Mittelfrequenzgenerator: Schenkelpoltyp

haben ausgeprägte Polkörper im Rotor, die die Gleichstromerregerwicklung tragen, wobei die Mittelfrequenzwicklung im Ständer liegt, wie dies Abb. 109 zeigt. Man kann auch statt des Rotors mit ausgeprägten Polen einen Trommelrotor wie bei Turbogeneratoren verwenden, wobei die Erregerwicklung in Nuten eingelegt ist. Der Zusammenhang zwischen Frequenz, Drehzahl und Polpaarzahl ist hier ebenso wie bei den normalen 50 Hz-Generatoren $p = \dfrac{60f}{n}$, wobei p = Polpaarzahl, f = Frequenz in Hz und n die Drehzahl/min bedeuten. Für die Polteilung gilt dann:

$$\tau = \frac{\pi D n}{120 f}.$$

Man sieht daraus, daß für hohe Frequenzen bei einer höchsten Drehzahl von etwa 3000 U/min bei Antrieb ohne Zwischengetriebe die Polteilung sehr klein werden würde oder aber die Maschine einen immer größeren Durchmesser bekäme. Für höhere Frequenzen müssen daher Maschinen anderer Typen verwendet werden, und zwar Maschinen des Modulationstyps, bei denen der Rotor keine Wicklung trägt und die Wechselstromwicklung wie auch die Gleichstromerregerwicklung im Ständer liegen. Bei diesen Maschinen hat der Rotor lediglich eine Nutung, durch welche beim Drehen des Rotors Schwankungen des Magnetfeldes zwischen Rotor und Stator entstehen und dadurch die EMK in der Arbeitswicklung erzeugt wird. Wir haben also für die im Ständer ruhende Erregergleichstromwicklung ein Erregergleichfeld, das durch den sich drehenden gezahnten Rotor moduliert wird. Der Rotor kann aus Blech geschichtet oder massiv ausgeführt sein. Der massive Rotor bringt der Maschine allerdings den Nachteil, daß sie in ihrem magnetischen Verhalten träge ist.

Die hauptsächlichsten Typen dieser Maschinenart sind der Wechselpoltyp und der Gleichpoltyp. Von den Wechselpoltypen gibt es einige Varianten. Im folgenden sollen nur der Gleichpoltyp und der Wechselpol- oder Heteropolartyp nach LORENZ-SCHMIDT besprochen werden.

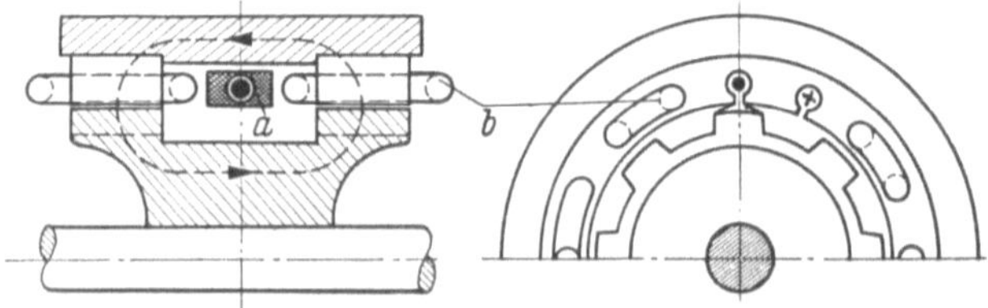

Abb. 110. Mittelfrequenzgenerator: Gleichpoltyp

Der Gleichpoltyp kann für einen Frequenzbereich von 500 bis 10 000 Hz verwendet werden. Er enthält eine im Stator liegende ringförmig aufgebrachte Gleichstromerregerwicklung a (Abb. 110), während symmetrisch zu der Erregerspule in zwei Blechpaketen die Wechselstromwicklung b untergebracht ist. Diesen beiden genuteten Blechpaketen der

Wechselstromwicklung ist je ein Rotorpolkranz zugeordnet. Jede Maschinenhälfte hat im Luftspalt zwischen Stator und Rotor einen am Umfang gleichgerichteten magnetischen Fluß. Der gesamte Erregerfluß geht hierbei durch das Gehäuse der Maschine. Dieses muß deshalb sehr schwer ausgeführt werden, was natürlich auch in die Zeitkonstante der Maschinen eingeht. Der Rotor führt einen Gleichfluß und ist daher meist massiv, jedoch verwendet man bei höheren Frequenzen lamellierte gezahnte Läufer, was die Zeitkonstante der Maschinen etwas heruntersetzt und den Wirkungsgrad verbessert.

Die Wechselpol- oder Heteropolarmaschine unterscheidet sich von der Gleichpolmaschine durch die Erregung. Die Erregerwicklung a ist gleichfalls im Stator untergebracht, jedoch hat der Stator auf seinem Umfang besondere Nuten, in denen die Erregerspule a liegt. Die Erregernuten liegen hier parallel zur Achse des Generators. Die Erregerspulen sind nun so in die Nuten eingebracht, daß am Umfang Nord-

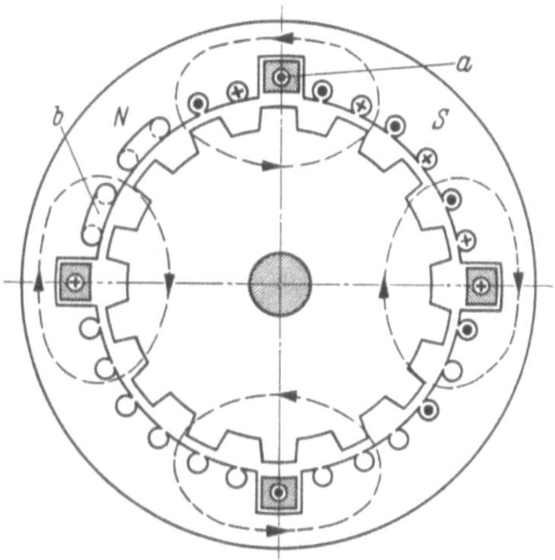

Abb. 111. Mittelfrequenzgenerator: Wechselpoltyp

und Südpole einander abwechseln. Da der Rotor bei seinem Lauf entsprechend der Erregerpolpaarzahl ummagnetisiert wird, muß er bei diesen Maschinen aus Blechen aufgebaut werden. Der Stator ist ebenfalls lamelliert, die Maschinen selbst können leichter gebaut werden, da das Gehäuse magnetisch, wenn überhaupt, nur sehr wenig belastet ist. Die Ausnutzung der Maschine ist infolge der für die Arbeitswicklung b verlorenen Erregernuten etwas kleiner als bei dem Gleichpoltyp. Abb. 111 zeigt den prinzipiellen Aufbau dieser Maschine [*26*].

5.1.2 Ausführung von Mittelfrequenzumformern

Mittelfrequenzumformer bestehen stets aus einem Generator für die gewünschte Frequenz zwischen etwa 150 bis 10 000 Hz und werden von einem aus dem Drehstromversorgungsnetz gespeisten Motor angetrieben. Motor und Generator können eine gemeinsame Welle haben und damit als Ein-Gehäuse-Umformer gebaut werden. Solche Umformer sind platzsparend und werden zumeist in vertikaler Ausführung hergestellt. Werden Motor und Generator als getrennte Maschinen gebaut, so werden sie auf einem gemeinsamen Fundament unter Zwischenschaltung einer Kupplung montiert.

5.1.2.1 Umformer in vertikaler Ausführung

Vertikale Mittelfrequenzumformer werden für Leistungen von 15 bis 300 kVA und für Frequenzen von 1000 bis 10000 Hz gebaut, Typen noch größerer Leistung allerdings nur bis zu Frequenzen von 3000 Hz. Die Generatoren werden durchweg nach dem Prinzip des Wechselpoltyps mit lamelliertem Stator und Rotor ausgeführt.

Die Antriebsmotoren sind bei dem Vertikaltyp zumeist Kurzschlußläufer, die entweder aus dem Niederspannungsnetz oder gelegentlich

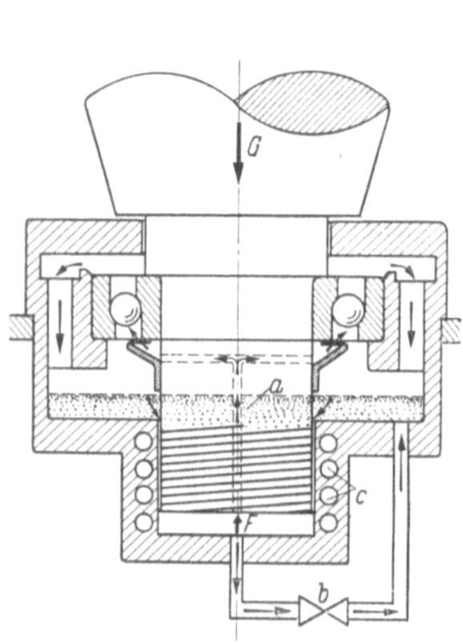

Abb. 112. Traglager eines Mittelfrequenzgenerators mit Schrägkugellager nach BBC

Abb. 113. Tragrollenlager eines Mittelfrequenzgenerators 300 kW mit vertikaler Achse (Werkbild EMA)

aus einem Hochspannungsnetz mit 3000 V oder 6000 V gespeist werden. Die Motoren der Aggregate kleiner Leistung können beim Anlauf direkt eingeschaltet werden, bei mittleren und größeren Leistungen wird der Anlauf über Stern-Dreieck-Schalter vollzogen. Die Stern-Dreieck-Umschaltung beim Anlauf wird heute im allgemeinen automatisch durchgeführt.

Bei Niederspannung ist Stern-Dreieck-Anlauf vorgesehen, wobei der Anlaufstrom etwa das 2fache des Nennstromes beträgt. Bei Hochspannung ist die direkte Einschaltung der Regelfall, der Anlaufstrom ist hier

Abb. 114. Mittelfrequenzumformer für 10 kHz (Werkbild SSW)

Abb. 115. Mittelfrequenzumformer 300 kW, 2000 Hz, geschlossene Bauart (Werkbild AEG)

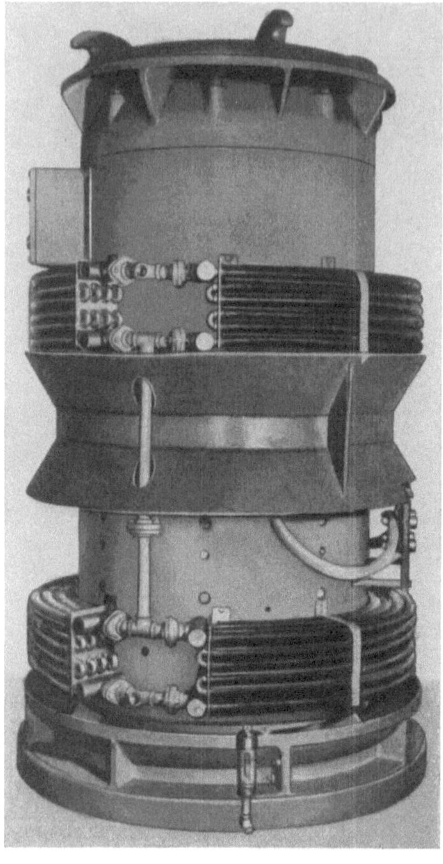

etwa das 5,5fache des Nennstromes. Aus dem kalten Zustand können 2 bis 3 Hochläufe hintereinander vorgenommen werden. Der $\cos\varphi$ liegt bei allen Motoren in der Größenordnung von 0,88 bis 0,9.

Die Mittelfrequenzumformer vertikaler Bauart sind — wie schon oben erwähnt — Eingehäusemaschinen und werden motor- wie generatorseitig durch eine in sich geschlossene Luftumwälzung gekühlt. Zur Luftrückkühlung baut man in das Generatorgehäuse ein Wasserkühlsystem ein, wobei für das Kühlwasser maximale Eintrittstemperaturen bis etwa 25 °C zulässig sind. Die Kühlwassermengen richten sich nach der Motor, und Genera-

Abb. 116a.   Mittelfrequenzumformer 300 kW, 10 000 Hz ohne Schutzgehäuse (Werkbild EMA)

Abb. 116b. Generatorteil des Mittelfrequenzumformers nach Abb. 116a (Werkbild EMA). Die im Bild sichtbare Scheibe zwischen Motor- und Generatorteil dient zur Luftkühlung

torleistung sowie nach dem Wirkungsgrad der Umformer und sind wohl im allgemeinen von den verschiedenen Ausführungen der einzelnen Firmen abhängig.

Bei dem Vertikalumformer wird die gemeinsame Welle des Antriebsmotors und Generators oben und unten gelagert. Das obere Führungslager ist meist ein zylindrisches Rollenlager mit entsprechender Fettschmierung, das untere Lager kann z. B. aus einem Axial-Pendelrollenlager als Drucklager und einem Zylinderrollenlager als Führungslager bestehen. Dieses untere Lagersystem ist nur mit einer Umlaufölschmierung ausgerüstet, wobei die Öltemperatur überwacht wird. Es können aber auch im unteren Lager Schrägkugellager verwendet werden. Abb. 112 und 113 zeigen den prinzipiellen Aufbau eines Traglagers mit Schrägkugellager und eines Traglagers mit Rollenlager.

Für vertikale und horizontale Maschinen sind im allgemeinen bis 600 kW keine besonderen Fundamente erforderlich. Die Umformer sollen auf Schwingungsdämpfer gesetzt werden, wofür sich besonders Schwingmetallkörper bewährt haben. Ausführungsbeispiele solcher Maschinen sind in den Abbildungen 114 bis 116 gezeigt.

5.1.2.2 Umformer in horizontaler Ausführung

Horizontale Mittelfrequenzumformer werden für Leistungen von etwa 300 kW bis 1000 kW und für Frequenzen von 150 Hz bis etwa 2000 Hz gebaut. Diese Richtlinien sind in den Normen für Mittelfrequenzgeneratoren enthalten. Es gibt aber abweichend davon auch Generatoren mit größeren Leistungen als 1000 kW und Frequenzen von 3000 bzw. 4000 Hz.

Ein horizontaler Mittelfrequenzumformer wird meist in sogenannter Blockbauart gebaut und besteht aus dem Antriebsmotor und dem Generator, die auf einer gemeinsamen Grundplatte montiert und mit einer Bogenzahnkupplung miteinander gekuppelt sind. Der Umformersatz kann dann in zusammengebautem Zustand transportiert und, da kein besonderes Fundament erforderlich ist, leicht aufgestellt werden. Er soll auf Schwingungsdämpfern stehen, damit etwaige Schwingungen von benachbarten Bearbeitungsmaschinen nicht auf den Umformersatz übertragen werden können.

Zur Abführung der unvermeidlichen Verlustleistung des Umformers kann Luft oder Wasser verwendet werden. Im 1. Fall ergibt sich eine offene oder geschützte, im 2. Fall eine geschlossene Bauart. Letztere ist vorteilhafter, weil sie geräuschdämpfend ist. Bei der Blockbauart läßt sich die Kühlung leicht von wasser- auf luftgekühlte Ausführung oder umgekehrt umbauen. Ersteres ist in Gegenden mit knappem oder teurem Kühlwasser von Vorteil.

Abb. 117 zeigt den Läufer eines Mittelfrequenzgenerators für 2000 Hz und 300 kW Leistung, Abb. 118 einen Mittelfrequenzumformer für

9   Kegel, Warmbehandlung

Abb. 117. Läufer eines Mittelfrequenzgenerators 300 kW, 2000 Hz (Werkbild AEG)

Abb. 118. 10000 Hz-Anlage 33 kW, mit Ringhärteautomat (Werkbild SSW)

300 kW und 2000 Hz mit Schleifringmotor und Wasserkühlung und Abb. 119 denselben Umformer, jedoch mit Luftkühlung und angebautem Luftfilter. In Abb. 120 ist ein Mittelfrequenzumformer für 330 kW und 2000 Hz gezeigt. Er wird z. B. zur induktiven Härtung von Kaltwalzen oder in Schmiedebetrieben benutzt und ist mit Wasserkühlung ausgerüstet [26].

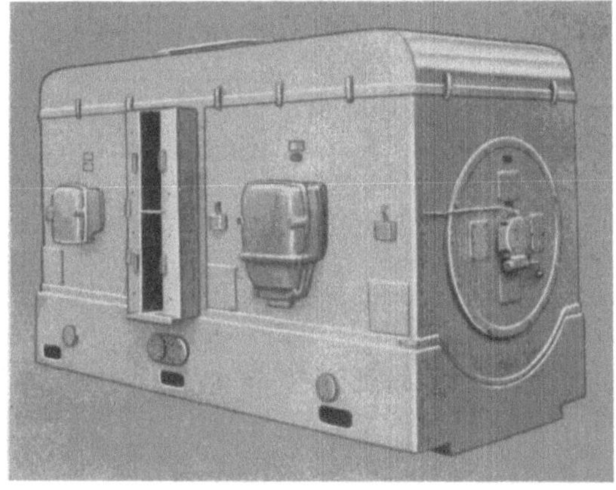

Abb. 119. Mittelfrequenzumformer 300 kW, 2000 Hz mit angebauten Luftfiltern (Werkbild AEG)

Abb. 120. Mittelfrequenzumformer 2000 Hz, 330 kW für Kaltwalzenhärtung (Werkbild AEG)

5.2 Hochfrequenzgeneratoren

Hochfrequenzgeneratoren werden heute ausschließlich als Röhrengeneratoren gebaut, während früher auch Funkenstreckengeneratoren verwendet wurden. Diese letzteren haben aber den Nachteil, daß ihre Leistungsabgabe nicht konstant und außerdem bei direktem Netzbetrieb ohne Gleichrichter von der Phasenlage des Stromes im Einschaltmoment abhängig ist. Man kann daher diese Generatoren nicht für kurzzeitige

9*

Härteaufgaben verwenden, da die Ergebnisse zu verschieden werden. Außerdem erzeugen Funkenstreckengeneratoren starke Rundfunkstörungen, wobei die Entstörung einen hohen Kostenaufwand erfordert. Funkenstreckengeneratoren hätten allerdings den Vorteil, daß sie verhältnismäßig billig sind. Aber dieser Vorteil geht durch die eben geschilderten Nebenbedingungen wieder verloren. Weiter erfordert die Überwachung und Instandhaltung der Funkenstrecken selbst einen erheblichen mechanischen Arbeitsaufwand.

Hochfrequenzröhrengeneratoren werden für das Frequenzgebiet von 40 kHz bis 2,5 MHz für die induktive Erwärmung gebaut. Für Spezialzwecke verwendet man noch höhere Frequenzen, z. B. zur Herstellung von Halbleitermaterial, wie Germanium oder Silizium. Die Leistung der Hochfrequenzröhrengeneratoren geht von den kleinsten Leistungen bis etwa 400 kW. Die größten bisher gebauten Hochfrequenzgeneratoren haben 450 kW Ausgangsleistung.

Ein Hochfrequenzröhrengenerator wird aus dem normalen Wechsel- bzw. Drehstromnetz betrieben und hat als Stromversorgungsgerät einen Hochspannungsgleichrichter mit Glühkathodenröhren. Gelegentlich werden dazu auch Halbleitergleichrichter verwendet.

Gemäß dem Schaltbild (Abb. 121) wird der Generator an den Klemmen RST mit dem Netz verbunden. Beim Einschalten des Generators wird zunächst über einen Schalter für die Hilfsbetriebe die Heizung der Glüh-

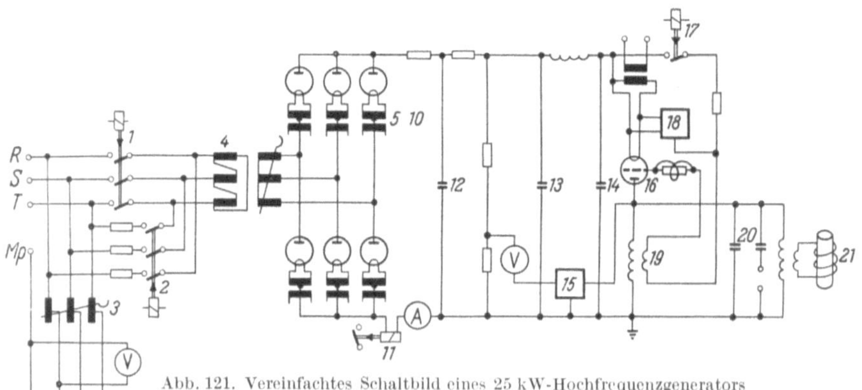

Abb. 121. Vereinfachtes Schaltbild eines 25 kW-Hochfrequenzgenerators

kathodengleichrichterröhren *16* und der Senderöhre *5* eingeschaltet. Die Glühkathodengleichrichterröhren benötigen eine gewisse Anheizzeit, nach deren Ablauf die Netzspannung über den Hochspannungstransformator auf den meist leerlaufenden Gleichrichter geschaltet werden kann. Zur Begrenzung etwaiger Stromstöße und sekundärseitiger Spannungsspitzen läßt man den Transformator über Widerstände *2* an. Nach kurzer Zeit (0,2 bis 0,7 sek) wird automatisch der Hauptschalter *1* zugeschaltet, so daß der Transformator *4* bzw. Gleichrichter nun die volle Spannung führt. Die Anodenspannung für Hochfrequenzgeneratorröhren beträgt im allgemeinen 5 bis 12 kV. Bei kleineren Generatoren verzichtet man auf Anlaßwiderstände und benutzt den Netzschalter oft auch zum direkten Ein- und Ausschalten der Hochfrequenz.

Bei größeren Generatoren wird zum Schalten der Hochfrequenzenergie eine besondere Steuereinrichtung *18* verwendet. Diese Steuereinrichtung kann als Relais ausgebildet sein oder in speziellen Fällen als elektronische Steuerung. Als Sicherheitsmaßnahmen dienen im Gleichrichter Überstromrelais *11* und Schnellauslöser am Hauptschalter *1*. Ferner Türkontakte zum Abschalten der Hochspannung beim Öffnen einer Tür des Gehäuses und Überwachungseinrichtungen für das Kühlwasser bei wassergekühlten Generatorröhren. Meßinstrumente überwachen Anodenstrom und Anodenspannung, ein Anpassungsmesser *15* den günstigsten Betriebszustand des Hochfrequenzgenerators. Am Netzeingang des Gleichrichters befinden sich Störschutzglieder, die das Eindringen von Hochfrequenzspannung in das Speisenetz verhindern. Ferner ist ein Stufenschalter *3* eingebaut, um für die Hilfsbetriebe wie auch für die Röhrenheizung die richtige Spannung bei stark schwankendem Netz auch während des Betriebes einstellen zu können. Zu diesem Zweck ist ein Spannungsmesser vorgesehen, der nur den Bereich zwischen 200 V und 250 V anzeigt. Die Heizspannung der Röhren soll auf $\pm 5\%$ genau eingehalten werden. Ein weiterer Stufenschalter dient zum Verändern der Hochspannung in kleinen Stufen, um damit die gewünschte Generatorleistung einstellen zu können [*3*], [*4*].

Die Röhrengeneratoren sind hochfrequenzmäßig im allgemeinen einstufige selbsterregte Generatoren. Meist werden Schaltungen verwendet, die mit induktiver *19* oder kapazitiver Rückkopplung arbeiten.

Die Generatorröhre, meist eine Triode, muß, um ihre maximale Leistung abgeben zu können, bei einer gegebenen Anodenspannung auf einen bestimmten Außenwiderstand arbeiten. Dieser Außenwiderstand wird durch einen Parallelschwingkreis aus Kapazität *20*, Induktivität und Wirkwiderstand *21* gebildet. Dieser Schwingkreis ist das frequenzbestimmende Glied des Generators. Der Wirkwiderstand des Schwingkreises wird im wesentlichen durch das zu erwärmende Werkstück bestimmt. Dieser Widerstand ist aber nicht konstant. Auch ist die Induktivität des Gesamtkreises, und zwar Werkstück- und damit Schwingkreisinduktivität, nicht konstant, sondern ändert sich in geringem Maße mit der Erwärmung des Werkstückes. Demzufolge ändert sich auch die Frequenz des Schwingkreises sowie sein Resonanzwiderstand [*3*].

Der Arbeitswiderstand $R_a = U_{\mathrm{HF}}^2 / N_{\mathrm{HF}} = \dfrac{L}{r \cdot C}$ ist mit dem Werkstückwiderstand r verknüpft und damit von der Erwärmung und den magnetischen und elektrischen Eigenschaften des Werkstoffes abhängig.

Mit dem Widerstand R_a ändert sich die abgegebene Hochfrequenzleistung N_{HF}, wenn man voraussetzt, daß die am Widerstand R_a liegende Spannung U_{HF}, einigermaßen konstant ist. Die Röhre gibt aber ohne in irgendeiner Form überlastet zu werden, ihre größte Leistung nur dann ab, wenn $R_a = R_{Grenz}$ ist. R_{Grenz} ist der Außenwiderstand, der die größte zulässige Leistung aufnimmt, wenn U_{HF} ungefähr gleich $0,63\,U_a$ bis $0,7\,U_a$ ist. Hier bedeutet U_a die Anodengleichspannung. Wird R_a kleiner als R_{Grenz}, dann spricht man von unterspanntem Zustand, bei dem die Anodenverlustleistung der Röhre stark zunimmt. Die Nutzleistung steigt hierbei zunächst jedoch an und fällt dann schnell ab. Wird R_a größer als R_{Grenz}, so steigt die Gitterbelastung. In diesem Falle liegt der überspannte Zustand vor.

Für eine Leistungsröhre ist der unterspannte Zustand im allgemeinen nicht kritisch. Besonders dann nicht, wenn die Anode der Röhre eine große Wärmekapazität hat und gut gekühlt wird. Bei Generatoren mit kleiner Leistung bis etwa 2,5 kW oder 3 kW wird mit Strahlungskühlung gearbeitet. Hier ist jedoch darauf zu achten, daß der unterspannte Zustand, der die Anode überlastet, nach Möglichkeit nicht, oder wenn es nicht zu umgehen ist, nur für sehr kurze Zeit eintritt. Röhren mit Graphitanoden sind in dieser Hinsicht meist überlastungsfähiger als Röhren mit Metallanoden.

Bei wassergekühlten Röhren, die vor allem bei Generatoren von 5 kW und mehr Leistung angewendet werden, ist der überspannte Zustand für eine Röhre im allgemeinen gefährlicher als der unterspannte Zustand. Bei überspanntem Betrieb wird das Steuergitter stark belastet. Man kann bis zu einem gewissen Grad das Steuergitter der Röhren so ausbilden, daß es eine verhältnismäßig hohe Verlustleistung aushält. Das reicht jedoch für den normalen Betrieb im allgemeinen nicht aus. Durch Schaltungsmaßnahmen, wie Gitterstrombegrenzung oder selbsttätige Regelung der Rückkopplung, hat man es in der Hand, Überlastungen und damit Beschädigungen der Röhren zu vermeiden. Obwohl sich der Widerstand von Stahl bei der Erwärmung im Bereich von 0° bis 1000 °C etwa im Verhältnis von 1:14 ändert, macht sich diese Widerstandsänderung infolge der magnetischen Streuung in der Übertragung zum Schwingkreis und damit zum Arbeitswiderstand R_a der Röhre nur im Verhältnis 1:2 bis 1:4 bemerkbar [2], [27]. Eine derartige Änderung des Widerstandes R_a ist für eine Generatorröhre gerade noch tragbar. In Abb. 122 ist ein Hochfrequenzleistungsdiagramm abhängig vom Arbeitswiderstand R_a für einen Generator mit 25 kW Ausgangsleistung gezeigt.

Im allgemeinen wird ein Röhrengenerator so betrieben, daß sein Grenzwiderstand R_{Grenz} eingestellt ist. Beim Erwärmen des kalten Werkstückes verschiebt sich der Arbeitspunkt nach dem Leistungsmaximum, um dann wieder auf der Kennlinie so zurückzulaufen, daß dies einer Entlastung

des Generators gleichkommt. Es gibt nun verschiedene Hochfrequenz-
generatorröhren, die — je nach ihrem Aufbau und nach ihren Daten —
insbesondere Durchgriff und Steilheit — andere Hochfrequenzleistungs-
kennlinien über dem Widerstand ergeben, als dies in Abb. 112 gezeigt
ist. Man muß von Generator-
röhren eine gewisse Leistungs-
reserve verlangen, damit im
kalten Zustand des Werk-
stückes sehr schnell hochge-
heizt wird [2], [28]. Die Erwärmung des Werkstückes
darf nicht zu lange dauern,
sonst muß z. B. bei Vorschub-
erwärmung bzw. bei Vor-
schubhärtung im Stand an-
gewärmt, und erst nach Erreichen der geforderten Temperatur kann der Vorschub
eingeschaltet werden. Dies
bringt Komplikationen in
den Bearbeitungsmaschinen
mit sich, die man durch entsprechende Wahl der Generatorröhren vermeiden kann.

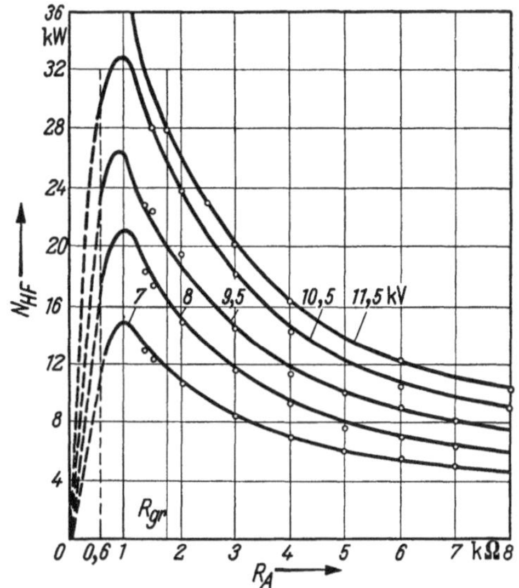

Abb. 122. Leistung eines 25 kW-Generators, abhängig
vom Arbeitswiderstand

Es ist günstig, Röhren mit hoher Steilheit und kleinem Durchgriff zu
verwenden. Bei dem in der Abb. 123 gezeigten Hochfrequenzgenerator ist
eine besonders einfache Schaltung (Abb. 121) nach MEISSNER verwendet,
die sich in der Praxis sehr gut bewährt hat. Die Frequenz ist bestimmt
durch den Hochfrequenztransformator und die Kondensatorbatterie,
weiter kann mit der Kondensatorbatterie 20 entsprechend der Arbeitsspule
und dem Werkstück der Außenwiderstand der Röhre eingestellt werden.
Damit liegt aber auch dann die Frequenz, mit der gearbeitet wird, fest.
Im Gitterkreis der Röhre liegt zur Erzeugung der Gittervorspannung
ein konstanter Widerstand und außerdem ein selbsttätig regelnder Eisen-
wasserstoffwiderstand, der zum Schutz des Gitters gegen Überlastung
vorhanden ist (Gitterstrombegrenzung). Geschaltet wird die Generatorröhre über ein Tastrelais, das den Gitterstrom unterbricht, eine hohe
Sperrspannung an das Gitter legt und damit die Generatorröhre sperrt.

Zur Überwachung des Betriebszustandes ist ein Anpassungsmesser 15
[4] eingeschaltet, der die Hochfrequenzspitzenspannung mit der Gleichspannung vergleicht. Dieser Anpassungsmesser wird so eingestellt, daß
er auf Null steht, wenn die Hochfrequenzspitzenspannung gleich 90%
bis 95% der Gleichspannung ist. Eine Abweichung von dem Mittel-

wert des Anpassungsmessers gibt an, ob der über- oder unterspannte
Zustand der Röhre vorliegt und ob zu dessen Beseitigung mehr oder
weniger Kondensatoren eingeschaltet werden müssen. Bei einer längeren
Vorschubhärtung soll der Anpassungsmesser während des Durchlaufes

Abb. 123. 25 kW-Hochfrequenzgenerator 450 bis 600 kHz (Werkbild AEG-Elotherm)

des Werkstückes immer auf Null stehen, während bei dem Anwärmungs-
vorgang der Anpassungsmesser entsprechend der Erwärmung des Werkstückes gleitende Werte anzeigt. Weiter eignet sich der Anpassungsmesser zur Überwachung der Emission der Generatorröhre, wenn im
Laufe des Betriebes der Anodenstrom und die Anzeige des Anpassungsmessers beobachtet werden. Emissionsschäden oder das Ende der
Röhrenlebensdauer erkennt man in der Abnahme des Anodenstromes
und der gleichzeitigen Auslenkung des Anpassungsmessers nach der
Seite „weniger Kondensatoren". Außerdem kann man aus der Stellung
des Anpassungsmessers Rückschlüsse auf die Art des zu verarbeitenden
Werkstoffes ziehen, so daß man beim Härten eines bestimmten Werk-

stückes bei einem Wechsel der Materialcharge erkennen kann, ob der Werkstoff noch richtig ist, oder ob ein ganz anderer Werkstoff vorliegt. In Abb. 124 ist die Innenansicht eines derartigen Generators gezeigt.

Abb. 124. Innenansicht des 25 kW-Hochfrequenzgenerators nach Abb. 123 (Werkbild AEG-Elotherm)

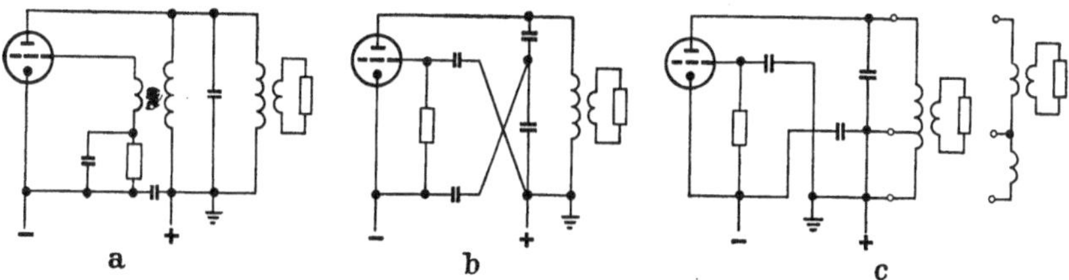

Abb. 125. Prinzipschaltbilder von Hochfrequenzgeneratoren
a) Meißnersche Rückkopplungsschaltung mit getrenntem Rückkopplungstransformator, b) Kapazitive Dreipunktschaltung, c) Induktive Dreipunktschaltung

Die Abb. 125 gibt einige Prinzipschaltbilder von Industrie-Hochfrequenzgeneratoren für die induktive Härtung wieder.

Die heute auf dem Markt befindlichen Hochfrequenzröhrengeneratoren sind alle ungefähr nach dem bisher Beschriebenen aufgebaut. Die

Abb. 126. Hochfrequenzgenerator, 100 kW, 450 kHz, links: Gleichrichter, rechts: Hochfrequenzteil (Werkbild AEG-Elotherm)

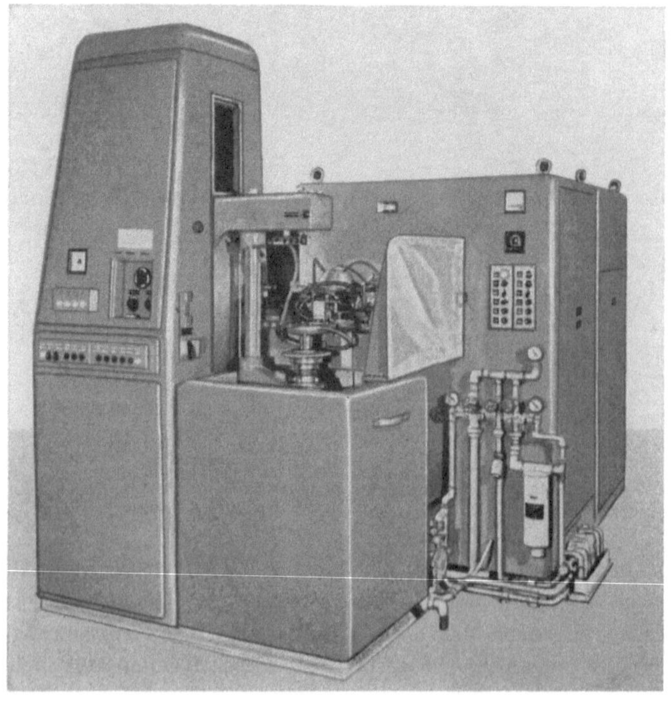

Abb. 127. Hochfrequenzgenerator mit Härtemaschine für Achsen, 30 kW (Werkbild SSW)

Abb. 126, 127 und 128 zeigen Hochfrequenzröhrengeneratoren, wie sie in Deutschland auf dem Markt sind und auch im Ausland verwendet werden.

Für den Betrieb eines Hochfrequenzgenerators in einer Fabrikation ist es wichtig, daß der Generator betriebssicher und allen Bedingungen, die der Aufstellungsort gibt, gewachsen ist. Hierzu gehört vor allem, daß der Generator in ein sehr stabiles Gehäuse eingebaut ist, ferner, daß er

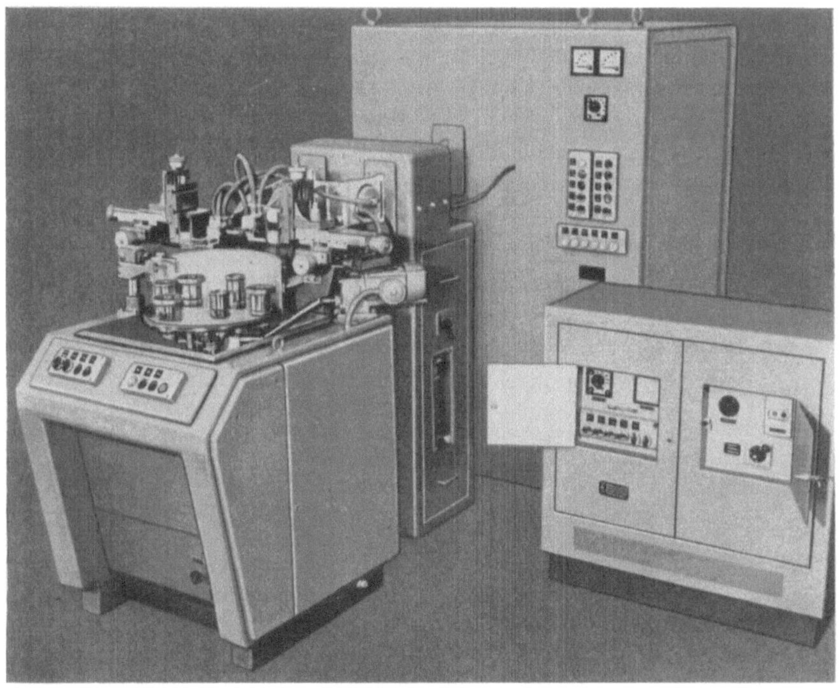

Abb. 128. Hochfrequenzgenerator mit Drehtellerautomat für Kurbelwellenteile (Werkbild SSW)

gegen Schwingungen von anderen Maschinen geschützt wird und daß die Fabrikatmosphäre nicht im Generator zu Korrosionen führt und auch keine Staubablagerungen auftreten können. Das Generatorgehäuse soll daher nach Möglichkeit luftdicht sein bzw. soll im Generator ein gewisser Überdruck herrschen. Es wäre bei ungünstiger Fabrikatmosphäre verfehlt, in den Generator Lüfter einzubauen, die die Kühlluft, die eventuell notwendig wird, aus dem Fabrikationsraum ansaugt und durch den Generator drückt. Falls Kühlluft notwendig ist, sollte diese stets über Filter zugeführt werden oder überhaupt aus dem Freien, wo nicht mit allzu großen Staubablagerungen gerechnet zu werden braucht. Ein möglichst dichtes Gehäuse ist auch schon wegen der zu befürchtenden Rundfunkstörungen erforderlich. Neuere Entwicklungen berücksichtigen

diese Forderungen dadurch, daß dichte Generatorengehäuse mit Luft-
umwälzkühlung verwendet werden.

5.3 Transformator und Arbeitsspule bei Mittel-
und Hochfrequenzanlagen

Der Transformator und die Arbeitsspule sind bei Mittel- und Hoch-
frequenzerwärmungsanlagen notwendige Bestandteile und müssen auf
die Funktion der Anlagen abgestimmt sein. Im allgemeinen werden bei
Mittelfrequenzanlagen je nach Verwendungszweck Arbeitsspulen allein
oder zusammen mit einem Transformator verwendet. Bei Hochfrequenzanlagen werden fast ausschließlich die Arbeitsspulen über Hochfrequenztransformatoren an die Generatoren angepaßt.

5.3.1 Arbeitsspulen für Schmiedeerwärmung bei Mittelfrequenzanlagen

Die Ausführungsformen der Arbeitsspulen zur Schmiedeerwärmung bei
Mittelfrequenzanlagen sind sehr mannigfaltig und müssen dem jeweiligen
Verwendungszweck und vor allem dem zu erwärmenden Werkstück angepaßt sein. Sie müssen mechanisch sehr stabil sein, um dem robusten
Werkstattbetrieb zu genü-
gen, und außerdem müssen
sie den elektrischen Bedingungen hinsichtlich Be-
triebsspannung und Strom-
stärke genügen. Insbeson-
dere werden bei Schmiede-
erwärmungsanlagen an die
Isolation der Arbeitsspulen
hohe Anforderungen in
elektrischer, mechanischer
und thermischer Hinsicht
gestellt. Die einzelnen Spu-
lenwindungen werden meist
mechanisch gegeneinander
abgestützt und eventuell
zur elektrischen Isolation
zum Teil mit Asbestband
bewickelt. Als mechanische
Schutzhülle wird oft ein
nichtmagnetisches hoch-

Abb. 129. Arbeitsspule oder Induktor für Schmiedeerwärmung (Werkbild AEG-Elotherm)

temperaturfestes Blech benutzt. Die Arbeitsspule selbst wird aus Profil-
kupferrohr gewickelt und im Betrieb wassergekühlt. Oft erhalten diese
Spulen auch noch einen magnetischen Rückschluß, einmal, um Streufelder

zu vermeiden, zum anderen, um den Wirkungsgrad der Spulen zu erhöhen. Für den magnetischen Rückschluß werden Transformatorbleche mit kleinem Verlustanteil verwendet, ihre Blechdicke liegt zwischen 0,1 bis 0,3 mm, wobei bei Frequenzen um 10000 Hz die dünneren Bleche und bei tiefen Frequenzen die dickeren Bleche verwendet werden. In Abb. 129 ist die Ausführung einer derartigen Spule gezeigt.

5.3.2 Transformatoren und Arbeitsspulen für Härte- und Lötaufgaben bei Mittelfrequenzanlagen

Für Härte- und Lötaufgaben werden bei Mittelfrequenzanlagen zwischen den Generator und die Arbeitsspule Anpassungstransformatoren eingeschaltet. Sie dienen dazu, die von einem Generator erzeugten Spannungen und Ströme auf die für die Arbeitsspule und das Werkstück günstigen Werte zu transformieren. Die Mittelfrequenztransformatoren können als eisenlose Transformatoren mit konzentrisch angeordneter primärer und sekundärer Spule hergestellt werden, werden dann aber räumlich sehr groß und man führt diese Transformatoren daher — ähnlich wie in der 50-Hz-Technik — unter Verwendung von Eisenkernen aus. Die Eisenkerne werden aus einzelnen Blechen aus besonders verlustfreiem Material mit Blech-

Abb. 130. 10000 Hz-Mittelfrequenztransformator für 400 kVA Durchgangsleistung (Werkbild SSW)

Abb. 131. Mittelfrequenztransformator für 15000 kVA Durchgangsleistung bei 1000 Hz (Werkbild AEG-Elotherm)

dicken von 0,2 bis 0,35 mm ausgeführt. Zur Abführung der entstehenden Verlustwärme werden zwischen die Bleche in regelmäßigen Abständen Kühltaschen eingefügt. Die Wicklung dieser Transformatoren besteht,

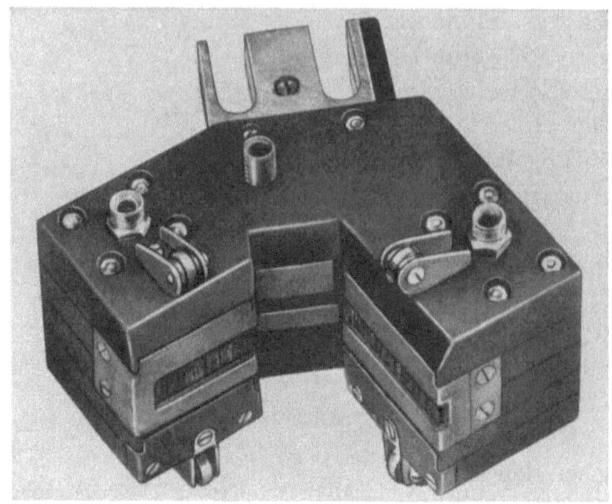

Abb. 132a

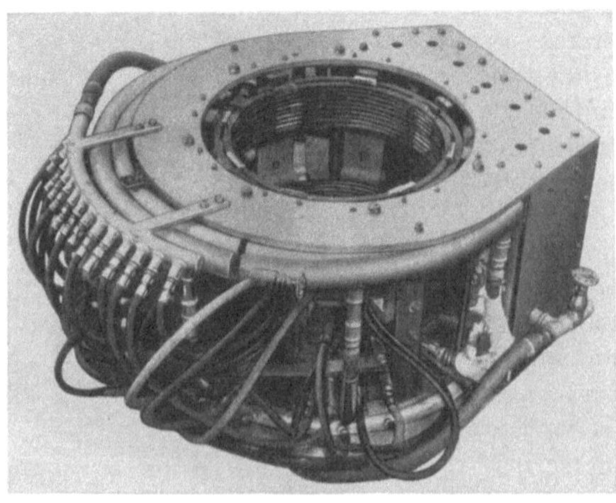

Abb. 132b

ebenso wie bei den Arbeitsspulen, aus wassergekühltem Kupferrohr. In den Abb. 130 und 131 sind solche Transformatoren gezeigt.

Die Arbeitsspulen für Mittelfrequenzanlagen müssen für Spannungen bis etwa max. 200 V ausgelegt sein und dabei Ströme von einigen 1000 A führen. Sie müssen weiter genauestens an die zu erwärmenden Werkstücke elektrothermisch und mechanisch angepaßt sein. Ferner müssen die Arbeitsspulen möglichst einfach an der Sekundärseite des Transformators angeschlossen werden können. Hierzu gibt es verschiedene Möglichkeiten, die von dem Kühlungssystem der Arbeitsspulen wie auch des Transformators abhängen. Im allgemeinen werden als Anschlüsse anschraubbare

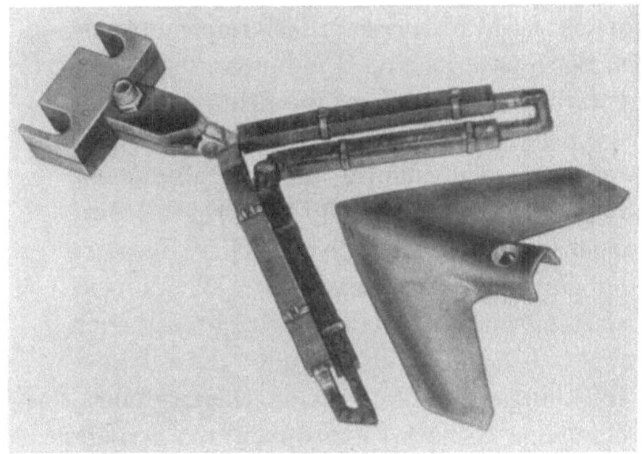

Abb. 132 c

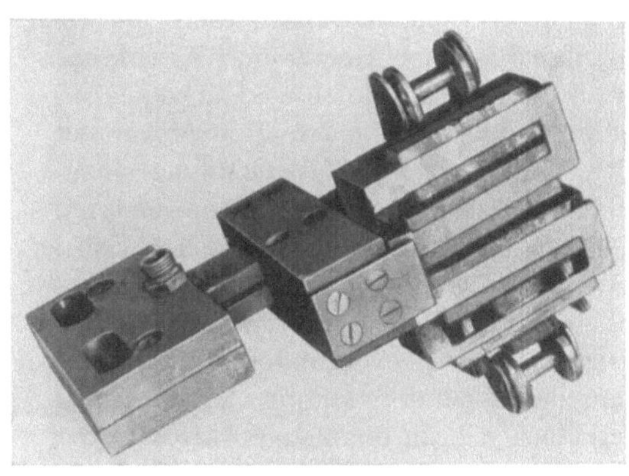

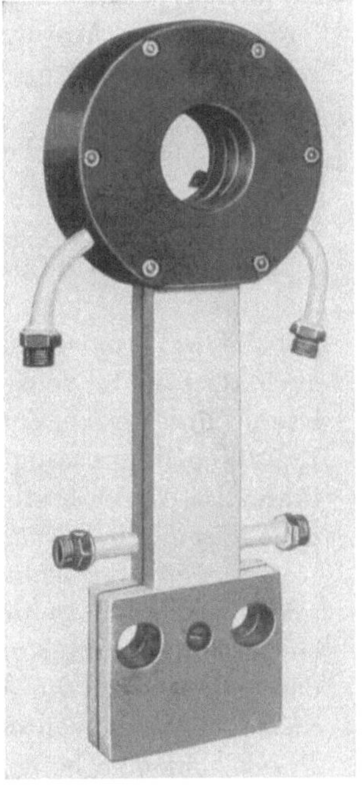

Abb. 132 d   Abb. 132 e

Abb. 132a bis e. Arbeitsspulen zum induktiven Härten mit Mittelfrequenz

a) Arbeitsspule zur Drehbankbettenhärtung, b) Arbeitsspule für Kaltwalzenhärtung bei einem Werkstückdurchmesser bis 300 mm, c) Arbeitsspule zur Härtung von Mähmessern, d) Arbeitsspule zur Härtung von Planflächen für Werkzeugmaschinenführungen, e) Arbeitsspule mit Brause zur Härtung von Wellen und Bolzen

Klemmbacken seltener Druckkontakte mit Hebelklemmung verwendet. Die Arbeitsspulen können im 1. Falle bequem durch die sekundäre Seite des Transformators mit Kühlwasser versorgt werden, im 2. Falle ist eine getrennte Kühlung der Erwärmungsspule zweckmäßig. Abb. 132 zeigt die Ausführung mehrerer Arbeitsspulen [29].

5.3.3 Transformatoren für Hochfrequenzanlagen

Im Prinzip unterscheiden sich die Transformatoren für Hochfrequenzanlagen nur unwesentlich von denen der Mittelfrequenzanlagen. Infolge der sehr viel höheren Arbeitsfrequenz bei Hochfrequenzanlagen müssen beim Bau und bei der Auslegung der Transformatoren rein hochfrequenztechnische Bedingungen, wie dielektrische Verluste im Isolationsmaterial, Ummagnetisierungsverluste im Eisenmaterial und Windungs- und Wicklungskapazität, berücksichtigt werden. Vielfach wird die Primärwicklung der Transformatoren, ebenso wie bei Mittelfrequenzanlagen, als Schwingkreisinduktivität benutzt, wodurch zwangsläufig die Hochfrequenzspannung an der Primärwicklung Werte bis zu 10000 V betragen kann. Dadurch ergeben sich Windungspannungen bis zu etwa 600 V. Dies erfordert bei der Abstützung der einzelnen Windungen und Wicklungen gegeneinander hochspannungsfestes Isoliermaterial, das gleichzeitig aber auch einen kleinen Verlustwinkel haben soll. Häufig werden diese Transformatoren mit freistehenden Wicklungen und ohne Eisenkern ausgeführt, wobei man darauf achtet, die Spulengüte sehr hochzutreiben, um geringe Eigenverluste zu haben. Trotzdem muß die Primär- und Sekundärwicklung dieser Transformatoren wassergekühlt werden. Eisenkerne können meist nicht verwendet werden, zumindest nicht als Blechkerne, und wie sich in der Praxis gezeigt hat, bewähren sich Hochfrequenzeisenkerne auch nur für Frequenzen bis zu 300 kHz. Auch das beste Karbonyleisen hat noch so große Verlustbeiwerte, daß bei höheren Frequenzen und Belastungen unbedingt für den Eisenkern eine Wasserkühlung einzuführen ist. Durch bestimmte Bauformen kann man bei Transformatoren ohne Eisenkern verhältnismäßig kleine Abmessungen erzielen, wobei trotzdem günstige elektrische Werte bezüglich Kopplung und Wirkungsgrad eingehalten werden können. Es hat sich ferner gezeigt, daß bei einem bestimmten Kopplungsbereich des Transformators bei Wechsel der Arbeitsspulen die Anpassung des Generators von den Arbeitsspulen und damit auch von dem Werkstück nahezu unabhängig wird. In der Praxis geht man heute den Weg, die Abmessungen des Transformators möglichst klein zu machen, um ihn z. B. auf einer Härtemaschine leicht handhaben zu können. Das bedeutet nun, daß er nicht nur gegen Hochspannung und bei Hochfrequenz, sondern auch noch gegen Wasser und Wasserdampf betriebssicher sein muß. Diese Forderung ist im wesentlichen ein Isolationsproblem, das durch Eingießen der Transformatoren in Kunstharz gelöst werden kann. Die Hochfrequenztransformatoren sind ähnlich wie Mittelfrequenztransformatoren zu bedienen, was das Anbringen und Auswechseln der Arbeitsspulen betrifft. Für den Anschluß der Arbeitsspulen an die Sekundärwicklung der Transformatoren gibt es verschiedene Möglichkeiten, nämlich Klemmanschlüsse mit

selbstklemmendem Konus, Schraubanschlüsse mit Überwurfmutter oder
aufschraubbare Backen, wobei die letztere Bauform in einigen Varianten
sich allmählich durchsetzt. Meist ist auch die Kühlung der Sekundär-

Abb. 133. Hochfrequenztransformator für 300 bis 1000 kHz und Durchgangsleistung bis 60 kW
bei verstärkter Kühlung bis 150 kW (Werkbild AEG-Elotherm)

spule gleich mit der Kühlung der Arbeitsspulen verbunden. Abb. 133
zeigt die Ausführung eines Hochfrequenztransformators sowie seine
Wicklungen vor dem Eingießen in Kunstharz [2], [17], [24], [30].

6 Maschinelle Einrichtungen

6.1 Die Schmiedeerwärmungsanlage und Härtemaschine

Im allgemeinen haben wir es bei Schmiedeerwärmungseinrichtungen
und Härteanlagen bzw. Härtemaschinen nicht mit Maschinen für Formgebung zu tun. Es müssen keine Kräfte zur Formänderungsarbeit an
Werkstücken aufgewendet werden. Diese Maschinen können daher relativ leicht gebaut sein. Für ihren Aufbau und ihre Auslegung sind meistens nur die Stückgewichte der zur Behandlung bzw. Erwärmung
kommenden Werkstücke ausschlaggebend. Bei Härtemaschinen, die vor
allem für die Arbeitsbewegungen der Werkstücke eingerichtet sein müssen, sind auch für die Getriebeteile die entsprechenden Festigkeiten vorzusehen, insbesondere was die Schwingungsfestigkeit betrifft [31]. Dies
gilt aber auch für Schmiedeerwärmungseinrichtungen, besonders bei
Hubbalkenförderern.

Die notwendigen Bewegungsaufgaben, die von den Maschinen und
Einrichtungen erfüllt werden müssen, sollen auf möglichst einfache Art

10   Kegel, Warmbehandlung

gelöst werden. Die für die Arbeitsbewegung in der Maschine erforderliche Genauigkeit ist, abgesehen von Spezialmaschinen, nicht so groß wie bei Werkzeugmaschinen. Bei Schmiedemaschinen bzw. Schmiedeeinrichtungen liegen die Toleranzen meistens zwischen 0,1 bis 1 mm in der Führung der Werkstücke, u. U. sogar bis 5 oder 10 mm. Bei Härtemaschinen müssen die Toleranzen bei 0,03 bis 0,07 mm liegen. Erst nach Überschreiten dieser Grenze sind unterschiedliche Härteergebnisse zu erwarten. Die Gleichmäßigkeit der dem Werkstück zugeführten Wärme bzw. Hochfrequenz- oder Mittelfrequenzenergie sowie eine zweckmäßige elektrische Steuerung der Bewegungsvorgänge erfüllen die Forderung, Schmiedeeinrichtungen sowie Härtemaschinen genau wie Werkzeugmaschinen in den Fertigungsablauf einzugliedern, wodurch zusätzliche Förderwege in den Werkstätten überflüssig werden.

Bei Einrichtungen für die Schmiedeerwärmung wird im allgemeinen automatische Werkstückführung bevorzugt. Diese Automatik bewirkt die Zuführung der Werkstücke zur Erwärmungseinrichtung und das Ausstoßen der auf Schmiedetemperatur gebrachten Werkstücke. Meist wird hier ein Taktverfahren verwendet, das kontinuierlich arbeitet und eine rein maschinelle Steuerung besitzt. In seltenen Fällen wird aber auch mit Zeitrelais gearbeitet, die den Vorschub steuern. Am besten kann man die Arbeitsweise derartiger Erwärmungseinrichtungen beschreiben, wenn man die Bedingungen, die an Härtemaschinen gestellt werden, etwas näher betrachtet.

Die Aufgabe der Konstruktion ist, den Härtevorgang und den Aufbau der Härtemaschinen auf Grund von Probehärtungen im Arbeitsablauf, d. h. Beschicken, Erwärmen, Abschrecken und Werkstückwechsel, nach den gestellten Anforderungen festzulegen. Je nach Art und Stückzahl der zu härtenden Werkstücke ist zu entscheiden, ob die einzelnen Arbeitsphasen von Hand durchgeführt werden sollen oder ob ein automatischer Ablauf zur Erhöhung der Leistung und Güte der Härtearbeiten gefordert werden muß. Bei von Hand betätigten Einrichtungen wird man die gleichmäßige Erwärmung der Werkstücke dadurch sicherstellen, daß die zugeführte Hochfrequenzenergie durch Zeitrelais bestimmt wird. Die automatische Steuerung für die Arbeitsphasen eines Härtevorganges soll so gewählt sein, daß jeder Vorgang einzeln und auf bequeme Art verändert werden kann. Soll der Härteablauf aus irgendwelchen Gründen geändert werden, so können solche Änderungen, wie die Erwärmungszeit, Abschreckzeit oder Vorschub und Drehgeschwindigkeit des Werkstückes, kontinuierlich in den erforderlichen Grenzen durch elektrische Stelleinrichtungen vorgenommen werden. Diese Stelleinrichtungen sollten an gut erreichbarer Stelle der Maschine untergebracht sein. Meist benötigen Härtemaschinen elektrische wie auch mechanische Steuerungen. In der Praxis hat sich immer wieder gezeigt, daß eine starre von einem einzigen Antrieb abhängige Steuerung, z. B. mit Kurvenscheiben, nicht anpassungsfähig genug ist, da sich bei Drehzahländerung alle Einzelvorgänge gemeinsam um einen gewissen Betrag ändern. Zwar stellt das gleichzeitige Auswechseln von Kurvenstücken bei Drehzahländerung eine Lösung dar, ist aber im praktischen Betrieb sehr umständlich und zeitraubend.

Bei Härtemaschinen unterscheiden wir Einrichtungen bzw. Maschinen, die entweder für ein bestimmtes Werkstück ausgelegt sind und damit Spezialmaschinen darstellen oder Universalmaschinen. Letztere sollen möglichst viel verschiedene Werkstücke unterschiedlicher Form und Abmessungen zur Bearbeitung zulassen. Eine Maschine, die einen weiten Anwendungsbereich hat, ist im allgemeinen teuer. Außerdem wird bei einer großen Anzahl verschiedenartiger Werkstücke, die auf dieser Maschine bearbeitet werden kann, viel Umrichtezeit notwendig sein. Eine solche Maschine ist nur dann wirtschaftlich, wenn diese Umrichtezeit nur eine untergeordnete Rolle spielt. Der Anwendungsbereich einer Maschine sollte daher nicht zu weit gewählt werden. Die Aufteilung in mehrere Einzweckmaschinen ist dann das bessere Verfahren. Insbesondere bei Werkstücken, die an mehreren Stellen gehärtet werden sollen, ist es von Vorteil, statt einer Maschine mehrere für die Ausführung der Härtung zu verwenden. Diese Maschinen können von *einem* Hochfrequenzgenerator aus gespeist werden, wobei automatische Umschalter die Energie von einer Maschine zur anderen umschalten. Die Leerzeiten der einzelnen Maschinen können zum Wechseln der Werkstücke benutzt werden. Der Vorteil solcher Sondermaschinen kann dadurch gesteigert werden, daß Baueinheiten für die Härtemaschinen Verwendung finden, die bei oft wiederkehrenden gleichen Anforderungen baukastenmäßig in die Maschine eingefügt werden. Dadurch können die in der Regel auftretenden Sonderaufgaben durch entsprechende Kombination von Baueinheiten auch preislich günstig gelöst werden.

Für die Auslegung von Härtemaschinen wie auch Schmiedeeinrichtungen ist es besonders wichtig, vor dem Beginn der Konstruktion bzw. vor dem Entwurf der Maschine überhaupt und auch vor dem Entwurf des Arbeitsverfahrens eine Zeitstudie durchzuführen.

6.2 Beispiele von Schmiedeerwärmungseinrichtungen und Härtemaschinen

6.2.1 Beispiele für Schmiedeerwärmungseinrichtungen

Der grundsätzliche Aufbau von Schmiedeerwärmungsanlagen und -einrichtungen wurde bereits in früheren Kapiteln erörtert. Wir können uns deshalb hier auf einige charakteristische Einrichtungen beschränken.

Die Glühanlagen für die Warmformung müssen grundsätzlich dem robusten Betrieb angepaßt sein. Man will damit einen höheren Durchsatz und eine gleichmäßigere Güte erreichen, man will weiter das Arbeitsverfahren für die Bedienung bequemer gestalten und hat dafür ruhende Einrichtungen geschaffen, die es gestatten, die zu erwärmenden Rohlinge mit höchster Geschwindigkeit und präzise eingehaltenen Arbeitstemperaturen für die Warmformung zur Verfügung zu stellen. In Abb. 134 ist

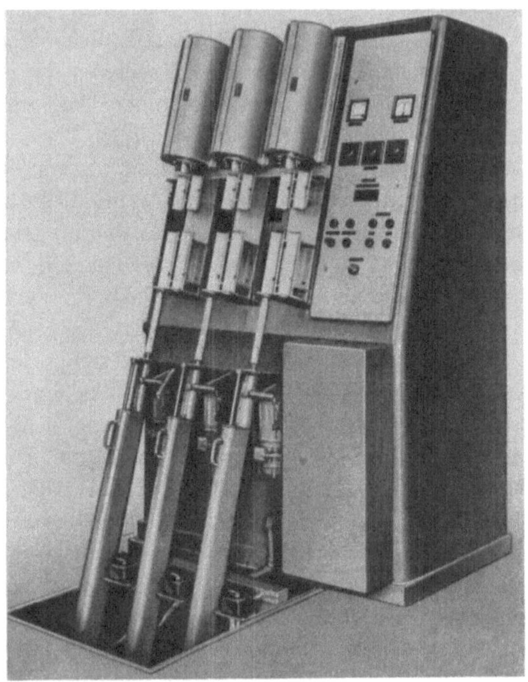

Abb. 134. Dreifach-Schmiedeerwärmungsmaschine (Werkbild AEG-Elotherm)

eine Dreifach-Arbeitsspuleneinrichtung für das Durchlauf- oder Durchstoßerwärmen von Knüppeln oder Blöckchen bzw. für das partielle Erwärmen von Rund- oder Vierkantstangen gezeigt. Die Arbeitsspulen sind wie üblich aus Kupferrohr gewickelt, wobei für die Kühlung der Spulen Wasser verwendet wird. Die Spulenisolation muß eine hohe Wärmebeständigkeit aufweisen und außerdem möglichst stoßfest sein, unter Umständen enthalten die Spulen im Arbeitsraum Schutzbleche aus nichtmagnetischem, warmfestem Stahl. Diese Arbeitsspulen werden auf stabile Grundgestelle aufgebaut, die die elektrischen Anschlüsse und meist auch Kompensationskondensatoren für die Mittelfrequenzversorgung enthalten. Ferner sind die Anschlüsse für den Kühlkreislauf mit

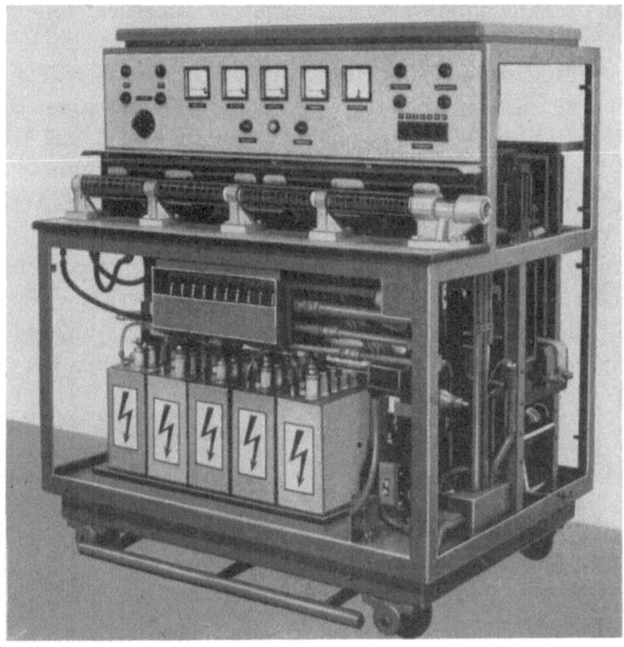

Abb. 135. Schmiedeerwärmungseinrichtung mit eingebauten Kondensatoren, Überwachungs- und Einstellorganen (Werkbild AEG-Elotherm)

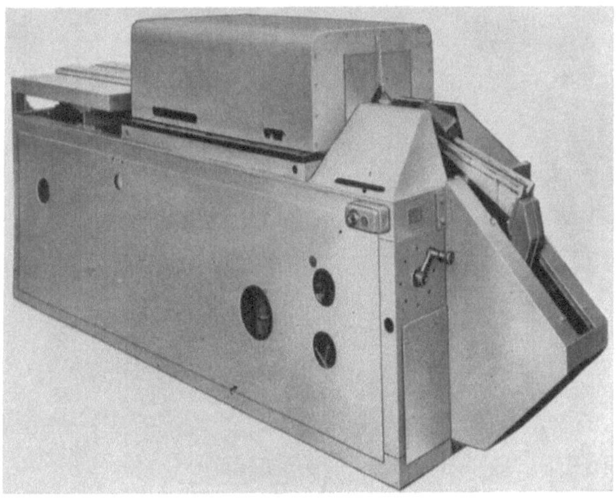

Abb. 136. Schmiedeerwärmungsanlage mit taktgebundenem Ausstoß (Werkbild AEG-Elotherm)

Druck- und Durchflußüberwachung eingebaut. Außerdem sind in diesen Gestellen Fördereinrichtungen für das zu glühende Gut untergebracht, wobei diese Fördereinrichtungen über Zeitrelais oder über Temperaturfühler gesteuert werden. Abb. 135 zeigt eine solche Maschine. Diese Erwärmungseinrichtungen können selbstverständlich auch mit Warmformungsmaschinen zusammengebaut werden, die z. B. für Stauchvorgänge eingerichtet sind und nur für eine partielle Bearbeitung der Werkstücke benötigt werden. Abb. 136 zeigt eine automatische Einrichtung, bei der der Ausstoß nur von dem Arbeitstakt der Warmformmaschinen abhängig ist und die menschliche Bedienung sich auf Kontrollvorgänge beschränkt. Zum Abschluß dieses Abschnittes möge noch erwähnt sein, daß für die Warmformung kleiner Teile vielfach auch Hochfrequenz Verwendung findet [*21*], [*32*].

6.2.2 Beispiele von Härtemaschinen

Eine einfache Härtevorrichtung enthält einen Halter für die Arbeitsspule oder den Hochfrequenztransformator und eine Abschreckvor-

Abb. 137. Induktionshärtevorrichtung in Tischbauweise mit Steuereinrichtungen und auswechselbaren Werkstückaufnahmen (Werkbild AEG-Elotherm

richtung. Man kann bei ihr z. B. die zu härtenden Teile von Hand an die Arbeitsspule heranbringen und so lange in deren Bereich halten, bis die Härtetemperatur erreicht ist. Danach werden die Teile in das Abschreckbad getaucht. Hierbei wird auf Genauigkeit kein Wert gelegt. Dies ist bei manchen Härteaufgaben auch gar nicht notwendig. Eine etwas weiter ausgebildete Vorrichtung hat wechselbare Werkstückaufnahmen. Die Werkstücke werden hier in die Werkstückaufnahme eingesetzt und dadurch in einen bestimmten genauen Abstand zur Arbeitsspule gebracht. Die Härtetemperatur wird meist durch die Zeit mit Schaltuhren gesteuert. Abb. 137 zeigt eine derartige Vorrichtung. Durch einen weiteren Ausbau der Vorrichtungen entsteht zwangsläufig die Universalhärtemaschine. Sie wird am zweckmäßigsten nach einem Baukastenprinzip aufgebaut und kann von der einfachsten Grundausführung bis zum Vollautomaten ergänzt werden. Abb. 138 zeigt als Beispiel eine solche Maschine. Sie ist in Tischform ausgebildet und als verwindungsfeste Rahmenkonstruktion geschweißt. Der Tisch enthält eine Wanne zum

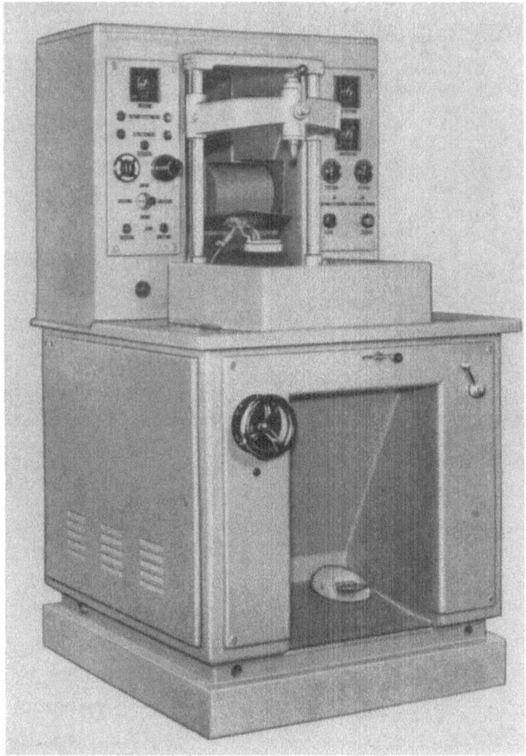

Abb. 138. Universal-Härtemaschine mit einer Vielzahl wählbarer elektrischer und mechanischer Programme und wechselbaren Werkstückaufnahmen (Werkbild AEG-Elotherm)

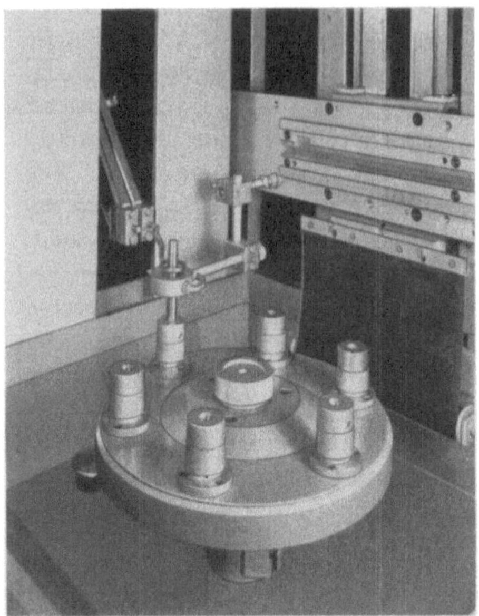

Abb. 139. Drehteller mit 6 Werkstückaufnahmen (Firma
Fritz Düsseldorf, Freiburg)

Abb. 140. Schwinge in Härtemaschine mit zwei Werkstückaufnahmen (Werkbild AEG-Elotherm)

Auffangen der Abschreck-
flüssigkeit. In die Wanne ist
wasserdicht eine Arbeitsspindel eingelassen auf dieser
können verschiedene Vor-
richtungen aufgesetzt werden. Ferner ist auf dem Tisch
die Führungseinrichtung für
den Hochfrequenztransfor-
mator und die Arbeitsspule
angebracht.

Der Schrankaufsatz um-
schließt den Arbeitsraum für
den Hochfrequenztransfor-
mator und dient gleichzeitig
als Hochfrequenzabschir-
mung. Er enthält weiter die
für den Betrieb notwendige
Relaissteuerung und auf den
Frontplatten die Bedienungs-
organe der Härtemaschine.
Innerhalb des Tisches sind
die Antriebe für das Hubwerk
des Hochfrequenztransfor-
mators sowie für die Arbeitsspindel untergebracht. Außerdem ist — soweit erforderlich — eine elektronische
Steuerung für die Geschwin-
digkeitseinstellung der Antriebe vorgesehen. Auf die
Arbeitsspindeln können nach
Bedarf Hilfswerkzeuge auf-
gesteckt oder aufgeschraubt
werden, z. B. Mitnehmer-
spitzen, wobei die Gegen-
spitze von zwei Säulen und
Auslegern getragen wird. Ferner können Spannzangen
oder Dreibackenfutter auf
die Arbeitsspindel aufgesetzt
werden oder stattdessen ein
Drehteller mit mehreren

Werkstückaufnahmen zur kontinuierlichen Härtung bei feststehendem Hochfrequenztransformator oder ein Revolverteller mit z. B. 6 Werkstückaufnahmen zur schrittweisen Härtung bei vertikal bewegtem Hochfrequenztransformator (Abb. 139). Eine einfachere Vorrichtung wäre z. B. eine Schwinge mit zwei Aufnahmen (Abb. 140), die genau so ausgebildet sein können, wie dies für einen Revolverteller vorgesehen ist.

Abb. 141. Schaltlinealkäfig der Maschine nach Abb. 138

Zur Bewältigung eines vielseitigen Arbeitsprogramms soll diese Maschine schnell umgerichtet werden können. Deshalb müssen Werkstückaufnahmen und Arbeitsspulen leicht auswechselbar sein. Vor allem muß die den größten Zeitaufwand erfordernde Programmeinstellung möglichst einfach sein. Die gezeigte Maschine besitzt für die Umschaltung der mechanischen und elektrischen Steuerelemente einen Schaltlinealkäfig mit sechs Programmstellungen, die von außen eingestellt werden können. Dieser Schaltlinealkäfig ist in Abb. 141 gezeigt. Außer den sechs einstellbaren Programmen lassen sich durch Auswechseln der Schaltlinealsätze noch weitere Programme vorsehen. Die elektrischen Steuerprogramme, die zum Betrieb der Maschine notwendig sind, können mit Hilfe eines Wahlsteckers gewählt werden, wobei 36 verschiedene Folgeprogramme durch Umschalten der Relaissteuerung möglich sind. Durch diese beiden Einrichtungen kann die Maschine nahezu jedem gewünschten Zweck angepaßt werden. Auch lassen sich Magazine und Auswerfer für den vollautomatischen Betrieb der Anlage aufbauen. Das Bedienungspersonal

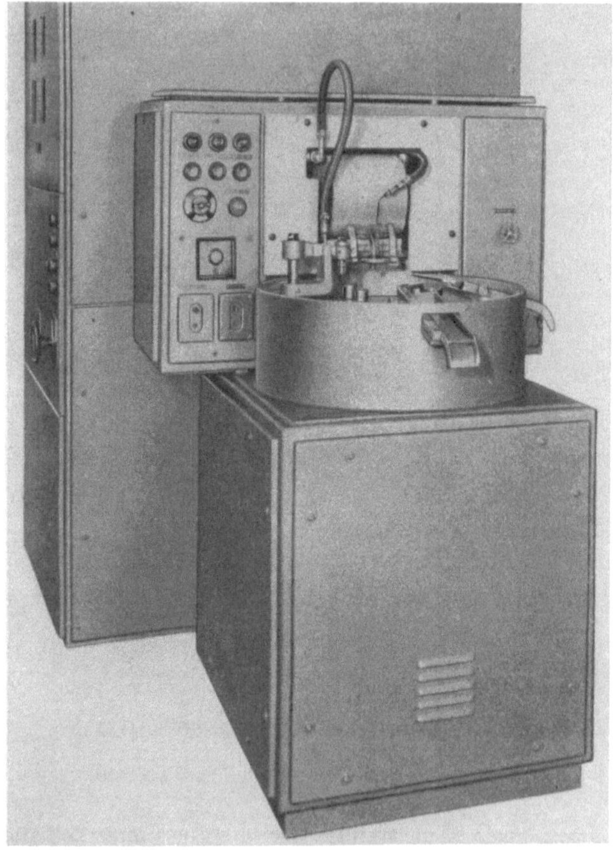

Abb. 142a. Härtemaschine für Hochfrequenzhärtung für halbautomatische Arbeitsweise

kann an der Maschine bequem sitzen. Zum Einschalten der Maschine dient ein in der Sitznische angebrachter Fußschalter, der Arbeitsablauf erfolgt nach Betätigen dieses Fußschalters über die Steuerung durch Leitlineale und Schaltuhren. Der Bedienende hat also nur noch die Werkstücke einzulegen und nach der Härtung abzunehmen.

Für das halbautomatische Härten von Teilen gleicher Innenmaße, jedoch äußerlich verschiedener Form, ist eine Härteanlage in Abb. 142a und b zu sehen. Die Maschine dient zur Härtung von Lagerbuchsen. Sie hat einen durch ein Schrittschaltwerk angetriebenen vierteiligen Werkstückaufnahmeteller, der über eine Werkstück-Zentriervorrichtung von Hand bestückt wird. Das von dieser Aufnahme zentrierte Werkstück wird im Arbeitstakt der Maschine auf die mit einem Dauermagnet versehenen

Abb. 142 b. Ausschnitt aus dem Arbeitsraum der Härtemaschine nach Abb. 142 a. Links: Werkstückaufnahme. Vorrichtung zum zentrierten Absetzen der Teile auf die magnetische Werkstückaufnahme. Im Hintergrund: Härtestelle mit Arbeitsspule und Ringbrause

Werkstückaufnahmen abgesetzt. Gleichzeitig stellt der Aufnahmedorn die in der Höhe veränderliche Werkstückspindel so ein, daß die Bodenhöhe des Werkstückes auch bei Schwankungen in der Bodendicke immer gleich ist. Dies ist erforderlich, um bei der Härtung trotz fertigungsbedingter Toleranzen der Werkstücke gleiche Härtebilder zu erzielen. In der Arbeitsstellung der Werkstücke wird die Arbeitsspule in das Werkstück so eingefahren, daß eine Boden- und Mantelhärtung der Buchsen erfolgt. Die Einstellung auf gleichmäßige Höhe des Buchsenbodens verhindert eine Beschädigung der Arbeitsspule und außerdem eine Beschädigung infolge möglichen Anschmelzens bei den Werkstücken. In der Härtestellung rotiert das Werkstück, um bei der Erwärmung durch Hochfrequenz eine gleichmäßige Härteschicht zu erzielen. Nach dem Abschalten der Hochfrequenz wird über entsprechende Wasserventile das Abschreckwasser zugeführt, und zwar zentral durch die Arbeitsspule und außerdem von außen an das Werkstück. Nach dem Ausfahren der Arbeitsspule wird der Aufnahmeteller weitergeschaltet, wobei die Werkstücke nach ihrer Außenform sortiert ausgeworfen werden. Wenn sich einmal eine unbestückte Werkstückaufnahme in der Härtestellung befindet, wird die Hochfrequenzenergie nicht eingeschaltet, wodurch das

Ausglühen der Dauermagnete und der Werkstückaufnahme verhindert wird. Der Härtevorgang selbst läuft automatisch ab. Die Dauer der Aufheizzeit und das Abschrecken werden von einem einstellbaren Zeitrelais aus gesteuert. Zum Einrichten der Maschine kann man den Schnellgang abschalten, so daß die Einstellung bei einer wählbaren Geschwindigkeit durchgeführt werden kann. Der Härtevorgang selbst kann in dieser Einrichtstellung durch eine Druckknopfbetätigung ausgelöst werden (s. a. Kap. 4.7.3) [31].

Abb. 143 zeigt eine vollautomatische Hochfrequenzhärteanlage für Hohlachsen. Diese Maschine ist eine ausgesprochene Einzweckmaschine und als reine Schweißkonstruktion unter Verwendung von Blechabkantprofilen gebaut. An den Werkstücken von 300 bis 600 mm Länge sind 6, 8 bzw. 12 Lagerstellen von etwa 25 mm Länge nach dem Vorschubhärteverfahren zu härten. Die Beschickung erfolgt über ein Magazin, das von einem Transportband aus beladen wird. Wenn die Anlage das zuletzt gehärtete Werkstück ausgeworfen hat, dreht sich im Magazin eine Trommel um eine Teilung weiter und läßt die nächste Achse auf Zuführungsarme fallen (Abb. 144). Diese heben das Werkstück hoch, so daß es von zwei verzahnten Spitzen gefaßt werden kann. Sobald das Werkstück gefaßt ist, beginnen Werkstückrotation und Vorschub durch die Arbeitsspule und damit der Härtevorgang. Hochfrequenz und Abschreckwasser werden von einem gleichzeitig mitgeführten Lineal gesteuert. Die Steuerung erfolgt über Fotozellen und eine entsprechende elektronische Steuereinrichtung im Hochfrequenzgenerator. Die Fotozellensteuerung ist bei dieser Anlage notwendig, da mit verschiedenen, aber sehr hohen Härtegeschwindigkeiten (30 bis 45 mm/sek) gearbeitet wird und durch Betätigung der Schalter infolge ihrer Zeitverzögerung ein geschwindigkeitsabhängiges Verrutschen der Härteschichten eintreten kann. Bei einer Fotozellensteuerung tritt dies infolge ihrer Trägheitslosigkeit nicht auf. Der Hochfrequenzgenerator hat zum Schalten der Hochfrequenzenergie statt des üblichen Tastrelais eine Thyratronschaltung, mit der die Hochfrequenzenergie über die Fotozelle gesteuert und geschaltet wird. Wenn die hintere Spitze das Werkstück durch die Arbeitsspule geführt hat, bewegen die auf Rücklauf geschalteten Werkstückschlitten sich zunächst auseinander und lassen das gehärtete Werkstück über eine Abwurfführung auf ein darunter laufendes Transportband fallen. Der Rücklauf erfolgt dann im Schnellgang zur Ausgangsstellung. Hier wird automatisch der nächste Arbeitstakt eingeleitet. Der Durchsatz bei dieser Anlage beträgt bis zu 140 Stück pro Stunde, wobei eine Werkstücklänge von 600 mm vorausgesetzt ist (s. a. Kap. 4.6.2).

Abb. 82a und b zeigte bereits eine Doppelmaschine zur Härtung von gegossenen Nockenwellen. Bei dieser Maschine ist die Arbeitsspule und der Konzentrator verwendet, der in Kapitel 4.5 zur Nockenwellenhärtung ausführlich beschrieben ist. In Abb. 145 ist der Arbeitstakt der Maschine als Taktzeitdiagramm gezeigt. Die Maschine wird von Hand beschickt und wenn auf dem Arbeitsplatz 1 eine Nockenwelle eingesetzt ist, wird beim

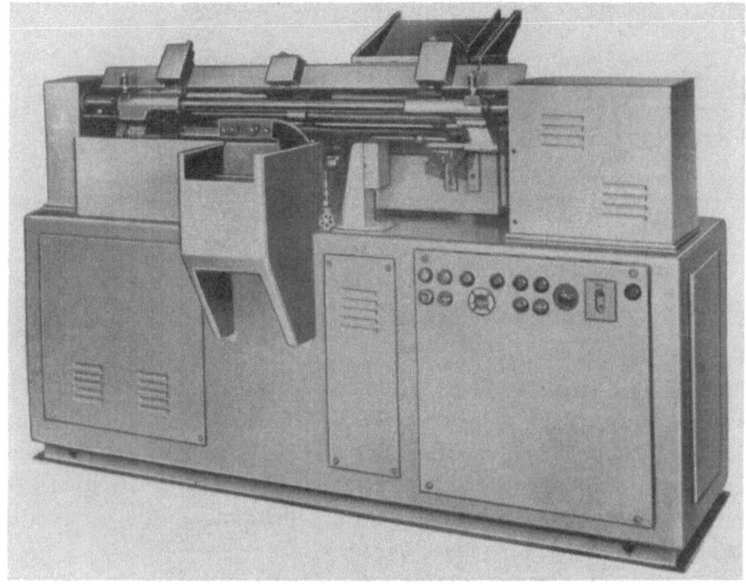

Abb. 143. Automatische Härtemaschine zur induktiven Härtung von Hohlachsen (Werkbild AEG-Elotherm)

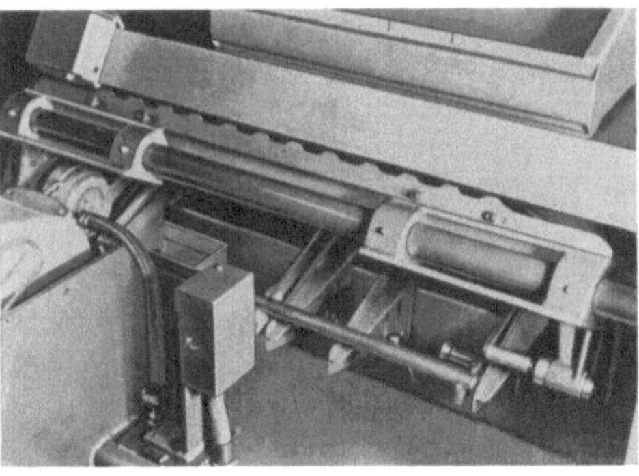

Abb. 144. Magazinausgabe und Spitzenaufnahme der Maschine nach Abb. 143

Schließen des Konzentrators ein Arbeitskontakt betätigt, der die Arbeitsspule in Arbeitsstellung fahren läßt. Danach wird automatisch die Hochfrequenzenergie eingeschaltet, nach Ablauf der Erwärmungszeit wird das Abschreckmittel dem Werkstück zugeführt. Nach dem Ab-

schalten der Hochfrequenzenergie fährt die Arbeitsspule sofort in ihre
Ruhelage zurück und das Werkstück kann aus der Aufnahme heraus-
genommen werden. Während der Erwärmungszeit kann bereits der
Arbeitsplatz 2 der Maschine bestückt und der Konzentrator geschlossen
werden. Auch beim Schließen dieses Konzentrators fährt sofort die

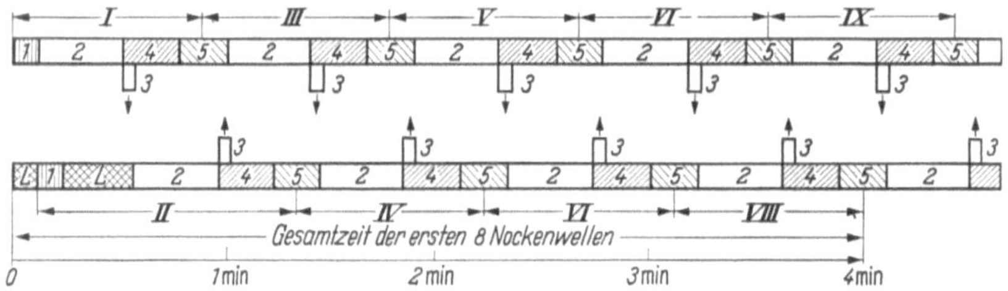

Abb. 145. Taktzeitdiagramm zur Doppelhärtemaschine nach Abb. 82a und b zur Härtung von
Nockenwellen

Arbeitsspule in Arbeitsstellung. Ist auf dem Arbeitsplatz 1 die Erwärmungszeit beendet, so wird automatisch durch einen Hochfrequenz-
umschalter der Hochfrequenzgenerator mit dem Arbeitsplatz 2 verbunden und dann beginnt das Taktspiel von neuem [22]. Die Maschine selbst
ist in Schweißkonstruktion ausgeführt in Anlehnung an die bereits oben
beschriebene Universalhärtemaschine.

Man kann mit dieser Maschine bei einem Arbeitstakt von etwa
26 Sekunden einen Durchsatz von 1600 bis 2200 Graugußnockenwellen
in zwei Arbeitsschichten erreichen.

Bei der Projektierung und Ausbildung der Anlage war es unbedingt
notwendig, daß der Anlagenentwickler und -konstrukteur, der Gießerei-
und der Bearbeitungsfachmann eng zusammenarbeiteten. Nur dadurch
war ein gutes Resultat zu erreichen und optimale Verhältnisse für die
Fabrikation zu schaffen.

Abb. 72a zeigte eine Härtemaschine für Kurbelwellen bis zu 1680 mm
Gesamtlänge. Es werden hier jeweils 4 zu härtende Kurbelwellen
zwischen 4 auf einer Planscheibe verteilten Mitnehmerscheiben und
4 Reitstöcken eingespannt. Auf die in Erwärmungsstellung befindliche
Kurbelwelle wird die an einem Tragarm befestigte Arbeitsspule aufgesetzt. Die Kurbelwelle rotiert um ihre Hauptachse. Bei der Härtung der
Kurbellager führt die Arbeitsspule eine entsprechende Kurbelbewegung
aus. Nach Ablauf der eingestellten Aufheizzeit hebt sich die Arbeitsspule
selbsttätig ab, wobei gleichzeitig die Planscheibe mit den Reitstöcken
eine Drehbewegung um 90° ausführt. Die Kurbelwelle taucht hierbei
in das Abschreckmittel ein, während die nächste Kurbelwelle in Härtestellung kommt. Die Arbeitsspule wird nun auf den entsprechenden
Zapfen der nächsten Kurbelwelle aufgesetzt, worauf sich der Vorgang

wiederholt. Nach Härtung je einer Lagerstelle an den 4 Kurbelwellen wird der Transformatorwagen mit der Arbeitsspule seitlich so verschoben, daß diese in Eingriff mit der nächsten Lagerstelle gebracht werden kann. Bei voneinander abweichenden Abmessungen der Lagerstellen wird die Arbeitsspule ausgewechselt. Dies geschieht durch Lösen eines Exzenterverschlusses, Herausziehen der Arbeitsspule, Einsetzen der passenden neuen und Schließen des Exzenterverschlusses. Für das Auswechseln ist eine Zeit von nur wenigen Sekunden erforderlich. Durch Drehung der Kurbelwelle während des Aufheiz- und Abschreckvorganges ist dafür gesorgt, daß eine gleichmäßig breite Härtezone gleicher Oberflächenhärte über den ganzen Zapfenumfang erzielt wird. Als Abschreckzeit steht jeweils die dreifache Aufheizzeit zur Verfügung. Hierdurch wird selbst bei großen Lagerabmessungen eine genügende Zeit für einwandfreies Auskühlen der gehärteten Zapfen vorhanden sein. Die Kurbelwellenhärtemaschine wird in Verbindung mit einer 10000 Hz-Mittelfrequenzanlage betrieben. Die Anschlußleistung richtet sich vor allem nach dem Durchmesser und der Breite der zu härtenden Kurbelzapfen, außerdem nach der Tiefe der gewünschten Härtezone. Abb. 72b zeigte eine Härtemaschine für mittelschwere Wellen, auf der jeweils nur 1 Werkstück gehärtet wird. Die Maschine ist in schwerer Gußrahmenkonstruktion ausgeführt und gestattet, Wellen bis zu 6000 mm Einspannlänge aufzunehmen. Bei solchen Wellen wird entweder mit 10000 Hz oder mit 2000 Hz gearbeitet.

7 Betriebssicherheit der Anlagen

7.1 Pflege und Überwachung der Anlagen

Wenn auch heute bei dem Fortschritt der Technik der Induktionserwärmung die Anlagen außerordentlich robust gebaut sind, so muß man doch für ihre Wartung wie bei jeder Werkzeugmaschine einige Mühe aufwenden. Schon bei der Aufstellung am Betriebsort ist darauf zu achten, daß die Anlagen, seien es Mittelfrequenz- oder Hochfrequenzgeneratoren, erschütterungsfrei aufgebaut werden.

Der erschütterungsfreie Aufbau ist bei Mittelfrequenzgeneratoren notwendig, um Lagerschäden, bei Hochfrequenzgeneratoren um Röhrenschäden zu vermeiden. Es ist vor allem bei dem Aufbau der Anlagen darauf zu achten, daß eventuell schwere Schläge von in der Nähe stehenden Bearbeitungsmaschinen nicht auf die Generatoren übertragen werden. Daher ist es notwendig, daß erschütterungsfreie Maschinenfundamente vorhanden sind bzw. die Generatoren auf Schwingungsdämpfer aufgesetzt werden. Auch bei dem Aufbau auf Schwingungsdämpfer soll beachtet werden, daß Schwingungen nicht auf andere Art wieder auf die Maschinen kommen, z. B. über starr verlegte Wasseranschlüsse oder elektrische Anschlüsse. Wasseranschlüsse sollen entweder über bewegliche und biegsame metallische Rohre oder über Schläuche zugeführt werden. Entsprechendes gilt für die elektrischen Zuleitungen. Man sollte es für selbstverständlich erachten, daß bei Mittelfrequenzgeneratoren die Lager von Zeit zu Zeit kontrolliert und mit dem notwendigen Schmiermittel versehen werden.

Weiter sind insbesondere die Kühlmittel zu kontrollieren, bei Luftkühlung vor allem die in den Kühlgang eingeschalteten Filter. Die Filter sind unbedingt notwendig, weil sich bei einer staubigen Fabrikatmosphäre, im Laufe der Zeit beim Ausschalten der Filter die Kühlkanäle zusetzen können und schwere Beschädigungen der Maschinen oder Generatorröhren durch Überhitzung eintreten würden. Dasselbe gilt für Kühlwasseranlagen, ganz besonders dann, wenn Wasser aus einem bestehenden Fabriknetz verwendet wird. Dieses Wasser braucht für viele Fälle und Anwendungen innerhalb eines Fabrikationsbetriebes nicht unbedingt einen hohen Reinheitsgrad zu besitzen. Sehr oft wird dieses Wasser aufbereitet und u. U. mit Neutralisierungsmitteln versetzt, die zwar bei der üblichen Verwendung nicht stören, aber bei wassergekühlten Induktionserwärmungsanlagen Absetzungen und Korrosion hervorrufen, die das Kühlsystem zerstören. Es sind dann Filter erforderlich oder aber ein gesonderter Kühlkreislauf. Insbesondere ist eine gewisse Vorsicht am Platze, wenn wir es mit Hochfrequenzröhrengeneratoren zu tun haben. Innerhalb der Gehäuse dieser Hochfrequenzgeneratoren haben wir hohe Spannungen, in der Regel zwischen 6000 und 12000 V. Diese Anlagen sind ganz besonders schmutzempfindlich und vor allem empfindlich gegen jegliche Werkstattatmosphäre. Man vermeidet aus diesem Grunde zusätzlich eingebaute Ventilatoren ohne saubere Frischluftzufuhr, da sich sonst im Laufe der Zeit innerhalb des Generators Ablagerungen bilden, die einen emulsionsartigen Überzug ergeben, der aus Wasser, Eisenstaub und Öl besteht. Dieser Überzug führt zu Überschlägen im Generator. Meist sind dann die Auswirkungen dieser Überschläge so gefährlich, daß der Generator für längere Zeit außer Betrieb gesetzt ist. Man kann dieser Verschmutzung vorbeugen, indem mindestens alle zwei Monate der Generator innen gesäubert wird. Eine andere Möglichkeit ist, den Innenraum des Generators mit Hilfe von Fremdbelüftung unter Überdruck zu setzen. Man kann dies leicht erreichen, indem gefilterte Preßluft dem Innern des Generators zugeführt wird, wodurch die Werkstattatmosphäre nicht mehr eindringen kann. Vor allem ist darauf zu achten, daß die Preßluft nicht sofort beim Abschalten des Generators ausgeschaltet wird, bevor der Generator auf Raumtemperatur abgekühlt ist, da andernfalls die Werkstattatmosphäre in den Generator eindringt. Diese Preßluftkühlung hat sich besonders bei großen Generatoren bewährt, da hier eine zusätzliche Kühlung der Glaskolben der Röhren von Vorteil ist.

Eine Kontrolle der Hochfrequenzleitungen ist von Zeit zu Zeit zweckmäßig, da Korrosionserscheinungen auftreten können, die durch die Werkstattatmosphäre bedingt sind. Diese Korrosionserscheinungen können die Leitfähigkeit insbesondere an Verbindungsstellen beeinträchtigen und führen u. U. zum Aussetzen des Generators. Bei wassergekühlten Generatoren, seien es Mittel- oder Hochfrequenzgeneratoren, ist im allgemeinen ein Material verwendet, das der Korrosion so gut wie nicht unterliegt.

Bei Hochfrequenzgeneratoren ist es angezeigt, in Abständen von einem halben Jahr die Generatorröhre zu kontrollieren, ob sich etwa an der Anode Kesselstein abgesetzt hat. Eine Kesselsteinbildung an der Anode einer Generatorröhre kann man weitgehend dadurch vermeiden, daß das Kühlwasser beim Austritt aus der Röhre eine Temperatur hat, die unter 50° C liegt. Man hat dies durch Einregulieren der Kühlwassermenge in der Hand. Im allgemeinen rechnet man zur Abführung eines Kilowatts mit einem Liter Wasser pro Minute. Sollte aber durch irgendwelche Umstände sich trotz allem an der Anode einer Röhre Kesselstein absetzen, so läßt sich dieser auf chemischem Wege entfernen. Es soll unter keinen Umständen versucht werden, den Kesselstein von einer Röhre mechanisch durch Abkratzen oder Abbürsten zu beseitigen. Ein gutes Mittel, den Kesselstein von Röhren zu entfernen, ist, diese in ein verdünntes Säurebad einzuhängen. Es soll dies aber nur so lange erfolgen, bis der Kesselstein gerade zum Verschwinden gebracht ist. Ein Nachspülen ist erforderlich, evtl. sogar ein Neutralisieren.

Als Kühlwasser muß bei Hochfrequenzgeneratoren nicht unbedingt destilliertes Wasser verwendet werden. Es ist zulässig, normales Fabrikwasser zu verwenden, sofern dies nicht Verunreinigungen hat, die die Kühlleitungen verstopfen könnten. Generatoren, die auf der Gleichhochspannungsseite mit geerdetem, negativem Pol arbeiten, müssen einen Elektrolyseschutz haben. Dieser Elektrolyseschutz ist monatlich zu kontrollieren, und wenn er zur Hälfte abgenutzt ist, zu erneuern. Meist ist es eine schwerwiegende Unterlassungssünde, wenn der Elektrolyseschutz nicht zeitig genug erneuert wird. Die Schäden, die dadurch an einer Anlage entstehen, sind oft so groß, daß die Reparatur einer Neuanschaffung des Generators gleichkommt.

Bezüglich der Härtemaschine kann nur auf die Betriebsanweisung verwiesen werden, und vor allem darauf, daß diese Maschinen immer wieder ordnungsgemäß geschmiert werden oder, falls diese Maschinen eine Zentralschmierung eingebaut haben, diese auch in regelmäßigen Zeitabständen betätigt wird. Die Härtemaschinen sind einer Korrosions-

gefahr ganz besonders dadurch ausgesetzt, daß die Abschreckflüssigkeit meist Wasser ist, das nur in seltenen Fällen mit einem Rostschutzmittel versetzt ist, das aber kein Allheilmittel gegen Korrosion bedeutet.
Die Maschinen sind möglichst bei jeder Außerbetriebsetzung, d. h. zu
jedem Schichtende, peinlichst zu säubern und insbesondere von Abschreckflüssigkeit freizumachen. In neuerer Zeit werden öfter Emulsionen als Abschreckmittel verwendet. Diese Emulsionen haben gegenüber Eisen- und
Stahllegierungen keine Korrosionswirkung, wirken aber meist um so mehr
auf Messing und Kupferlegierungen wie auch auf Kupfer selbst. Hier
sind also am meisten die Arbeitsspulen wie auch die Hochfrequenzzuleitungen und u. U. der Mittel- oder Hochfrequenztransformator gefährdet. Man muß in diesem Falle darauf achten, daß der angebrachte Spritzschutz auch in Ordnung ist und bleibt.

Was schon von den Generatoren gesagt wurde, gilt auch für die Kühlwasserversorgung der Transformatoren und Arbeitsspulen. Besonders
bei den Arbeitsspulen mit ihren engen Rohrquerschnitten ist auf
gute Kühlwasserführung zu achten. Arbeitsspulen mit sehr engem
Durchtrittsquerschnitt müssen ein aufbereitetes luftfreies Kühlwasser
haben. Man erreicht dies entweder durch längeres Stehenlassen oder aber
auf schnellerem Wege, wenn das Kühlwasser einmal bis auf 75° C erwärmt wird. Nach Abkühlen des Kühlwassers ist dieses dann genügend
gasfrei und kann ohne weiteres verwendet werden. Im Kühlwasserkreislauf ist lediglich darauf zu achten, daß keine offenen Stellen auftreten,
wo zu- oder abströmendes Wasser aus Rohren, z. B. im Sammelbecken,
austritt und einen Luftweg überbrückt, wobei ein Wassersprudel entsteht. Die Gasfreiheit des Kühlwassers bei engen Spulenquerschnitten
muß gefordert werden, da nichtentgastes Kühlwasser beim Austritt aus
der Arbeitsspule Gasblasen abgeben kann. An diesen Stellen treten in der
Spule so starke Überhitzungen auf, daß die Spule durchbrennt.

Es wurde schon erwähnt, daß die Kühlwasseraustrittstemperatur bei
den Generatorröhren nicht über 50° C liegen soll. Auch die Kühlwassereintrittstemperatur kann bei zu niedrigen Werten zu Schwierigkeiten
führen. Insbesondere im Sommer bei hochliegendem Taupunkt bildet sich
an den Wassereintrittsleitungen Kondenswasser, das abtropft und Überschläge im Generator verursachen kann. Durch zweckmäßige Leitungsführung und Schaltung des Kühlkreislaufes können Schwierigkeiten
schon bei der Konstruktion der Anlagen verringert werden. Unter
Umständen muß man in besonders klimatisch gefährdeten Gebieten die
Wasserrohre isolieren.

7.2 Umlaufkühlung

In Abb. 146 ist das Schema einer Umlaufkühlung für eine Hochfrequenzinduktionshärteanlage dargestellt. Umlaufkühlungen sind am

Platze, wenn entweder zu wenig Wasser im Fabrikationsbetrieb zur Verfügung steht oder das Fabrikwasser sich nicht für die Kühlung eignet. Eine Umlaufkühlanlage besteht aus einem ausreichend großen Wasserbehälter, ferner einem Rückkühler und einer Pumpenanlage. Die Dimensionierung dieser Anlage ist von den einzelnen Härtegeräten und Generatoren abhängig. Sie wird nach der Leistung der Anlage bemessen.

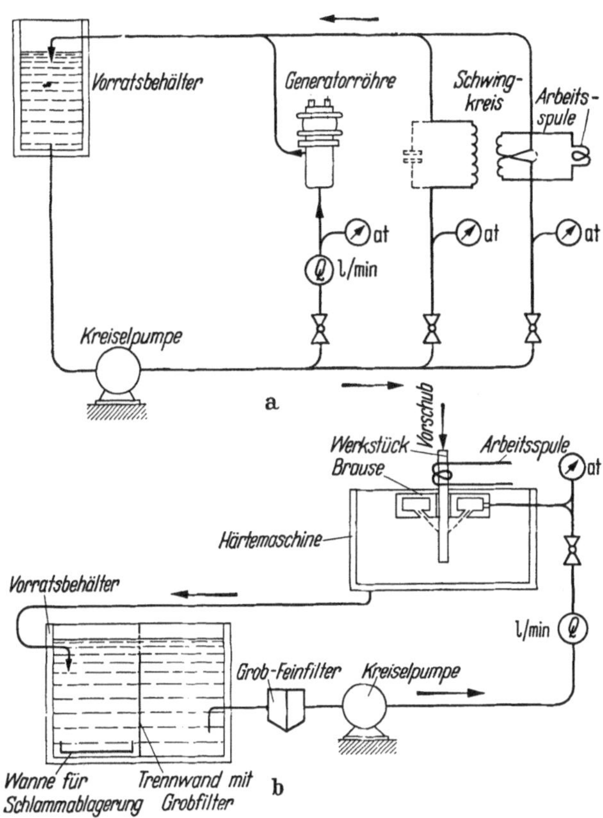

Abb. 146. Schema einer Umlaufkühlung für eine Hochfrequenzhärteanlage
a) Generatorkühlung, b) Werkstückkühlung
Der Übersichtlichkeit halber ist die Rückkühlung des Kreislaufwassers nicht mit eingezeichnet. Die Rückkühlung wird zweckmäßig im Kühlwasserzulauf zu den Geräten vor der Kreiselpumpe eingeschaltet

Wie schon erwähnt, ist es notwendig, für jedes Kilowatt, das für den Erwärmungsprozeß zur Verfügung gestellt wird, einen Liter Kühlwasser aufzuwenden. Dies heißt, daß die zugeführte Gleichstromleistung bzw. Netzleistung, die in Hochfrequenzenergie verwandelt wird, auch vollkommen durch Wasser abgeführt werden muß. Die Hochfrequenzleistung wird im Werkstück in Wärme umgesetzt, und die Abschreckung des Werk-

11*

stückes erfolgt mit einem Abschreckmittel, das bei einer Kreislaufkühlung rückgekühlt werden muß. Es ist also die Rückkühlanlage zum Abschrecken der Werkstücke so groß auszulegen, daß damit die zur Verfügung stehende Hochfrequenzleistung auch abgeführt werden kann. Bei einem Generator mit 30 kW Ausgangsleistung muß für die Abschreckung der Werkstücke eine Kühlmittelmenge von 30 Litern pro Minute bei Dauerbetrieb zur Verfügung stehen. Haben wir, wie dies meistens der Fall ist, einen intermittierenden Betrieb, so genügt eine geringere Kühlmittelmenge. Für die Generatorkühlung ist bei einem 30-kW-Generator eine Kühlmittelmenge für die Generatorröhre von etwa 15 bis 20 Litern pro Minute zur Verfügung zu stellen. Hinzukommen noch etwa je 5 bis 8 Liter für den Hochfrequenztransformator und die Arbeitsspule. Der Druck des Kühlwassers soll 4 atü nicht unterschreiten. Für die Arbeitsspule genügt bei Rohrquerschnitten von 3×4 mm² und mehr ein Kühlmitteldruck von 4 atü, während für engere Spulenquerschnitte der Druck des Kühlmittels bis auf 8 und 12 atü gesteigert werden muß. Als Kühlmittelpumpen haben sich insbesondere Kreiselpumpen bewährt. Bei der Installation einer Umlaufkühlung ist vor allem in bezug auf den Generator darauf zu achten, daß keine Luftsäcke entstehen können und dadurch Wasserschlag vermieden wird. Der Behälter für das Kühlwasser soll stets oberhalb des Generators angebracht werden, sofern nicht ein in sich völlig dicht abgeschlossener Kreislauf vorhanden ist.

Die Rückkühler selbst können als Plattenkühler ausgeführt werden, wobei u. U. als Kühlmittel Wasser verwendet werden kann. Diese Kühler arbeiten im Gegenstromprinzip und sind auch für große Leistungen klein. Steht kein Kühlwasser zur Verfügung, so können Luftkühler Anwendung finden oder — falls dies räumlich nicht möglich ist, kann man, was aber sehr teuer ist — zur Rückkühlung Kältemaschinen verwenden.

8 Betriebsstörungen, ihre Ursachen und ihre Beseitigung

8.1 Fehler an Arbeitsspulen

In Kapitel 3.2 wurde bereits die Herstellung von Arbeitsspulen besprochen. Es wurden dort auch einige Hinweise gegeben, um Fehler bei ihrer Herstellung zu vermeiden. Insbesondere bezieht sich dies auf das Biegen der Spulen, wobei bei engen Rohrquerschnitten ein scharfes Biegen ohne Ausfüllen der Rohre mit Kolophonium oder dgl. zu derartigen Verengungen des Durchtrittsquerschnittes führen kann, daß zu wenig Kühlwasser fließt. Eine solche Arbeitsspule hat eine äußerst kurze Lebensdauer.

Die meisten Fehler, die an Arbeitsspulen auftreten, liegen entweder an schlechten Einlötungen in die Verbinder oder schlechten Lötverbindungen zu den Anschlußbacken zum Transformator. Ein weiterer Fehler kann bei der Verbindung der Anschlußbacken zum Transformator entstehen, wenn die Schraubverbindungen nicht fest genug angezogen werden und wenn die Kontaktflächen nicht einwandfrei gesäubert sind. Für die Spulenlötung soll grundsätzlich nur Hartlot, und zwar bestes Silberlot, verwendet werden. Weichlötungen sind im allgemeinen nur für Versuchszwecke zulässig.. Weichlötungen haben einen hohen elektrischen Widerstand und können bei unsachgemäßer Durchführung der Lötung so stark erwärmt werden, daß das Lot abschmilzt und die Arbeitsspule sich aus der Verbindung löst.

Die Arbeitsspulen sind meist verhältnismäßig empfindliche Gebilde und daher auch gegen Stöße und mechanische Verbiegungen zu sichern. Eine verbogene Arbeitsspule führt zu Fehlergebnissen bei der Härtung der Werkstücke. Man ist daher bei ihrer Herstellung bereits bestrebt, sie so mechanisch zu versteifen, daß ein robustes Bauelement entsteht. Hierzu verwendet man heute meist Gießkunstharze, die man, falls dies möglich ist, um die Arbeitsspulen gießt und diesen so eine beständige Form verleiht. Bei der Verwendung dieser Kunstharze muß vor allem darauf geachtet werden, daß sie unter dem Einfluß des glühenden Werkstückes nicht verkohlen und damit die Spule unbrauchbar machen. Weiterhin ist zu berücksichtigen, daß Gießkunstharze um so weniger mit einem Metall binden, je edler dieses Metall ist. Bei Arbeitsspulen, die aus Kupfer oder Silber gefertigt sind, ist dies besonders wichtig. Silber wirkt gegenüber den meisten Gießkunstharzen als echtes Trennmittel. Daher sind an solchen Arbeitsspulen Nocken oder Ösen anzubringen, die eine feste Verbindung der Spule mit dem Kunstharz gewährleisten.

8.2 Fehler an Hochfrequenztransformatoren

Auch an Transformatoren können im Betrieb Fehler auftreten, die meistens durch unsachgemäße Behandlung hervorgerufen werden. Als häufigster Fehler treten zu starke Erwärmungen der Anschlußbacken im Betrieb auf. Diese sind, wie auch bei den Arbeitsspulen, darauf zurückzuführen, daß die Verbindungen zwischen Spule und Transformator nicht fest genug und die Kontaktflächen nicht sauber sind bzw. die Kühlung nicht ausreichend ist.

Weiterhin ist der Transformator dem Einfluß des Abschreckmittels auf den Maschinen ausgesetzt. Wie schon erwähnt, muß der Spritzschutz, der aus diesem Grund angebracht ist, in Ordnung sein, und es empfiehlt sich, die Transformatoren von Zeit zu Zeit, möglichst nach jedem Schichtwechsel, zu reinigen, und insbesondere von Wasser freizumachen, was durch Abblasen mit Preßluft geschehen kann. Der Transformator ist deswegen gegen Wassereinfluß so empfindlich, weil er an Hochspannung liegt. Transformatoren, die in Kunstharz eingegossen sind, unterliegen diesen Einflüssen zwar weniger, doch muß aber auch in diesem Fall mit Schäden gerechnet werden, wenn sich eine feuchte Schmutzhaut auf dem Transformator bildet. Diese feuchte Schmutzhaut wird leitfähig, und es bilden sich allmählich Kriechbahnen aus, die in das Kunstharz einbrennen und auf diese Weise zu einem Kurzschluß führen. Leichte Einbrennspuren können mit einem Werkzeug herausgearbeitet werden, z. B. mit einer hochtourigen kleinen Schleifmaschine. Sind diese Kriechspuren nicht tief, so kann der Transformator weiter verwendet werden. Es empfiehlt sich, die Transformatoren mit Silikonfett leicht einzufetten, so daß eine wasserabstoßende Schutzhaut entsteht, wodurch die Transformatorlebensdauer erheblich vergrößert wird. Auch sollte ein Transformator in Abständen von 3 bis 4 Monaten hinsichtlich seiner Kühlwasserdurchflußmenge kontrolliert werden. Treten hier Abweichungen von den angegebenen Kühlwasserdurchflußdaten ein, so ist es zweckmäßig, die Kühlleitungen bzw. die Rohrleiter mit verdünnter Säure durchzuspülen und freizumachen. Auch sind die Verbindungsstellen zur Hochfrequenzzuleitung auf festen Sitz und Dichtigkeit hinsichtlich des Kühlwassers zu kontrollieren. Von Zeit zu Zeit ist eine Kontrolle der Befestigungsschrauben am Transformator erforderlich. Es soll auch kontrolliert werden, ob unterhalb des Transformators nicht evtl. Wasserabsetzungen vorhanden sind, die manchmal unliebsame Auswirkungen auf die elektrische Spannungsfestigkeit des Transformators selbst haben.

8.3 Fehler und Betriebsstörungen an Hochfrequenzgeneratoren

Tritt an einem Hochfrequenzgenerator eine Störung auf, so ist als erstes zu kontrollieren, ob überhaupt noch Netzspannung vorhanden ist. Weiter ist zu kontrollieren, ob die Heizung der Generatorröhre einwandfrei arbeitet. Als Kontrollmöglichkeit dient einmal Besichtigung der Röhre, dann Messung der Heizspannung und evtl. des Heizstromes. Dies aber erst, nachdem die Hochspannung abgeschaltet ist und man sich überzeugt hat, daß dies auch tatsächlich der Fall ist. Der Heizstrom einer Röhre kann meist nicht direkt (evtl. Stromwandlerzange), sondern muß, wenn notwendig, am Eingang ihres Heiztransformators unter Berücksichtigung seines Übersetzungsverhältnisses gemessen werden. Zu kontrollieren sind ferner die Verbindungen und Anschlüsse der Heizstromzuleitungen an der Röhre, wie auch am Heiztransformator. Die Heizspannung, mit der die Röhre betrieben wird, ist auf der Röhre aufgedruckt, und es gilt für die Messung direkt die Spannung, die an den Anschlüssen der Röhre anliegt. Weiterhin sind die Schaltorgane zum Ein- und Ausschalten der Hochfrequenz auf ihre Funktion zu prüfen, besonders die Kontakte. Zum Schutz der Steuergitter werden oft Glühlampen oder Eisenwasserstoffwiderstände zusätzlich zu den üblichen Gitterwiderständen verwendet. Die Glühlampen können u. U. durchbrennen und sind genau so wie eine Beleuchtungslampe zu ersetzen. Das gleiche gilt für Eisenwasserstoffwiderstände.

Eine Generatorröhre selbst kann ihre Emissionsfähigkeit infolge Alterung, die im allgemeinen nach 6000 bis 12000 Betriebsstunden oder infolge Überlastung eintritt, verlieren. Dies läßt sich durch Überwachen des Anodenstromes kontrollieren. Weiter kann an einer Röhre der Heizfaden durchbrennen. Außerdem können in der Röhre Kurzschlüsse, und zwar zwischen Gitter und Kathode, eintreten. Diese Kurzschlüsse können im kalten Zustand der Röhre in den meisten Fällen gemessen werden, und zwar mit Hilfe eines Durchgangsprüfers zwischen dem Heizfaden- und dem Gitteranschluß der Röhre. Tritt ein solcher Schaden ein, so ist die Röhre unbrauchbar und muß durch eine neue ersetzt werden. Gelegentlich kann es vorkommen, daß innerhalb der Röhre ein Überschlag eintritt, der sehr selten durch Überspannungen, meist aber durch elektronenoptische Konfigurationen innerhalb der Röhre ausgelöst wird. Derartige Überschläge sind im allgemeinen so energiereich, daß eine Röhre vollkommen ausfällt, wenn ein solcher Überschlag nicht in kürzester Zeit abgeschaltet wird. Manche Generatoren haben hierzu besondere Schutzeinrichtungen, und zwar werden Schutzwiderstände wie auch mechanische und elektrische Schaltvorrichtungen verwendet. Ein Überschlag kann dazu führen, daß der Anodenzylinder einer luft- oder wassergekühlten Röhre durchbohrt wird und sich bei Wasserkühlung die Röhre fast vollständig mit Wasser füllt. Bei einer mit Wasser gekühlten Röhre ist jede weitere Beschädigung zu vermeiden, da sich innerhalb der Röhre Knallgas bildet und die Röhre u. U. bei einem Zertrümmern explodieren kann. Weitere Schäden an Hochfrequenzgeneratoren, die im Hochfrequenzteil auftreten können, sind äußerst selten. Gelegentlich schlagen Kondensatoren durch; dieser Fehler muß nicht unbedingt sichtbar sein und kann dann nur durch Messungen festgestellt werden.

Beim Betrieb eines Glühkathodengleichrichters sind für das günstigste Arbeiten der Gleichrichterröhren bestimmte Temperaturen bzw. Temperaturbereiche vorgeschrieben. Bei Temperaturen, insbesondere Raumtemperaturen, unter 20° C ist von vornherein beim Einschalten des Generators die Anheizzeit mindestens auf das Doppelte zu verlängern. Bei Temperaturen über 45° C treten Rückzündungen auf, wie dies auch bei Temperaturen unter 18° C der Fall ist. In beiden Fällen soll entweder bei zu tiefer Raumtemperatur nochmals angeheizt und dann wieder eingeschaltet werden oder bei zu hoher Temperatur innerhalb des Generators dieser erst abkühlen bzw. sollen die Gleichrichterröhren eine zusätzliche Kühlung erhalten. Meist ist eine Rückzündung in einer Gleichrichterröhre eine harmlose Angelegenheit und man soll, ohne zu zögern, wieder neu einschalten. Es wäre unzweckmäßig, eine Gleichrichterröhre sofort auszuwechseln, wenn diese einmal eine Rückzündung zeigt.

8.4 Gleichmäßigkeit der Abschreckung, Ausbildung der Brausen

Um laufend gleichmäßige Härteergebnisse von einer Induktionshärteanlage zu bekommen, ist es nicht nur notwendig, den Hochfrequenzgenerator, wie auch die Härtemaschine, den Hochfrequenztransformator und die Arbeitsspulen regelmäßig zu kontrollieren und zu überwachen, sondern es muß auch die Abschreckeinrichtung in einem ordnungsgemäßen Zustand sein. Die Brausen muß man ständig kontrollieren, da bei dem Härtevorgang, besonders beim Abschrecken am Werkstück, Zunder entsteht, der bei Umlaufkühlung in den Wasserkreislauf geraten kann. Der Zunder kann die Brause verstopfen, so daß eine ungenügende Kühlwirkung entsteht. Anders ist es bei Durchlaufkühlung, wo das Abschreckwasser nicht mehr verwendet wird, sondern abfließt. Verschmutzte Brausen müssen gereinigt werden, und dabei ist aber auch eine Reinigung des Kühlwasserbehälters unbedingt erforderlich. Brausen mit Löchern sind in dieser Hinsicht besonders empfindlich und wesentlich empfindlicher als Schlitzbrausen. Verschmutzung von Brausen kann auch bei neuen Anlagen auftreten, und zwar kommt diese aus dem Rohrleitungssystem, da sich im Kühlwasser dann immer noch Reste von Dichtungsmaterial der Rohrverschraubungen befinden. Bei geschweißten Rohranlagen enthalten die Rohre anfangs Zunderreste, die von den Schweißstellen stammen. Für die Verlegung von Rückkühlanlagen für das Abschreckwasser sollen möglichst verzinkte Rohre Verwendung finden, um Rostoder Zunderbildung innerhalb der Rohre zu vermeiden. Bei Ringschlitzbrausen ist besonders zu beachten, daß der Austrittschlitz für das Abschreckwasser überall die gleiche Breite hat. Gelegentlich sollte die Wasserdurchflußmenge durch die Brause kontrolliert werden. Weiter ist bei Ringbrausen eine Kontrolle erforderlich, ob das Wasser auf das Werkstück entlang dem Umfang auch immer gleichmäßig und in gleicher Höhe auftritt. Der Spritzwinkel der Brausen soll nicht zu steil sein. Ein zu steiles oder senkrechtes Auftreffen des Abschreckmittels auf das Werkstück ist nicht günstig und hat vielfach Weichfleckigkeit zur Folge. Diese Weichfleckigkeit rührt daher, daß sich auf dem Werkstück eine Dampfhaut bildet, die auch bei noch so hohem Druck nicht durchschlagen werden kann. Der Spritzwinkel von Brausen soll im allgemeinen kleiner als 45° sein, wo dies räumlich nicht möglich ist, muß davon abgewichen und evtl. Weichfleckigkeit in Kauf genommen werden. Je flacher der Spritzwinkel ist, um so günstiger ist die Wirkung der Brause.

8.5 Werkstoffehler in den zu bearbeitenden Werkstücken

Werkstoffehler in den zu bearbeitenden und zu härtenden Werkstücken sollten beim Rohmaterial durch die Wareneingangskontrolle bereits ausgeschieden werden. Wird aber das Rohmaterial durch Schmieden vorgearbeitet, so ist nach dem Fertigstellen des Rohlings eine Rißprüfung erforderlich. Spätestens ist diese Rißprüfung bei der Fertigstellung des Stückes vor dem Härten wünschenswert. Risse, die während des Härtens auftreten, haben meist ihre Ursache in einem zu schroff wirkenden Abschreckmittel. Wird Wasser als Abschreckmittel verwendet, so ist dessen Abschreckwirkung stark vom Härtegrad des Wassers wie aber auch von seinem pH-Wert abhängig. Es kann also nicht immer gesagt werden, wenn an einem Ort ein gleiches Werkstück induktiv oder auf andere Art gehärtet wird und hierbei fehlerfrei ist, daß an einem anderen Ort unter scheinbar gleichen Bedingungen dieselben Ergebnisse entstehen. Bei empfindlichen Stählen ist es stets besser, mit Emulsionen zu arbeiten, denn man erreicht dadurch gleichmäßigere Härtewerte und vor allem auch gleichmäßige Ergebnisse hinsichtlich der Qualität der Härteschicht. Empfehlenswert ist nach dem Härten ein Entspannungsvorgang, wobei die gehärteten Werkstücke in einem Durchlaufofen auf 140° bis max. 220° C erwärmt und dadurch entspannt werden. Ist einmal eine induktive Härteanlage eingefahren, so kann gesagt werden, daß hinsichtlich der Rißbildung beim Härten keine Schwierigkeiten mehr auftreten und auch sonst kein Ausschuß anfällt. Tritt jedoch durch irgendeinen Umstand Rißbildung auf, so sind meistens die Ursachen bei den Arbeitsgängen vor dem Härten zu suchen. Eine eigenartige und besonders häufig auftretende Ursache der Rißbildung ist gegeben, wenn die Werkstücke auf den vorhergehenden Maschinen mit Werkzeugen bearbeitet wurden, die keine einwandfreien Schneiden mehr haben oder, wenn es sich um Werkstückoberflächen handelt, die Schuppenbildung aufweisen. Werkstücke, die induktiv zum Härten angeliefert werden, sollen einigermaßen glatte und gut bearbeitete Oberflächen haben. Ein Schleifen vor dem Härten ist nicht notwendig.

Werkstoffehler können aber auch in Form von Schlackeneinschlüssen auftreten, die mitunter bis zur Oberfläche durchtreten und dann zu Anschmelzungen und Rissen führen können. Weiterhin können scheinbare Härtefehler durch nachfolgende Schleifbehandlungen auftreten, wenn zu harte Schleifscheiben verwendet werden, die zu Schalenbrüchen bei der Bearbeitung führen oder Rißnetze auf der Werkstoffoberfläche erzeugen. Ein weiterer Fehler, der in der Vorbehandlung von Werkstücken gemacht werden kann, ist falsches Glühen. Gelegentlich können gehärtete Werkstücke in der Härteschicht noch ein Ferritnetz aufweisen. Dies liegt zumeist bei geschmiedeten Werkstücken vor, die bei zu hoher Temperatur geschmiedet, dann unzweckmäßig abgekühlt und nach dem Schmieden nicht mehr normalisiert wurden.

Literaturverzeichnis

[1] SCHUMANN, W. O.: Elektrische Wellen. München: Carl Hanser 1948, S. 51–63.

[2] BRUNST, W.: Induktive Wärmebehandlung. Berlin/Göttingen/Heidelberg: Springer 1957.

[3] KEGEL, K.: Grundsätzliche Überlegungen zur Ausführung von Hochfrequenzgeneratoren für die induktive Erwärmung. ETZ-A 79 (1958) H. 13, S. 473–476.

[4] KÖPKE, H.: Hochfrequenzgeneratoren für Induktionserwärmung. AEG-Mitteilungen 45 (1955) S. 510–517.

[5] STENGER, W.: Technische Mitteilungen. Essen 49 (1956) H. 6, S. 298–302.

[6] VDI: Arbeitsblatt 5–3131 S. 3, herausgegeben von ADB-AWF. Düsseldorf: Deutscher Ingenieur Verlag GmbH. 1956.

[7] VDI: Arbeitsblatt 5–3132 S. 2, herausgegeben von ADB-AWF. Düsseldorf: Deutscher Ingenieur Verlag GmbH. 1956.

[8] ALF, F.: Induktives Löten und Schweißen. AEG-Mitteilungen 46 (1956) H. 9/10, S. 287–291.

[9] COLBUS, J.: Grundsätzliche Fragen zum Löten und zu den Lötverbindungen. Konstruktion 7 (1955) H. 11, S. 419–430.

[10] SEULEN, G. W.: Das induktive Hartlöten in der modernen Fertigung. ETZ-B 9 (1957) H. 6, S. 274–278. – JABBUSCH, G.: Hart- und Weichlöten mit Hochfrequenz. Elektrowärme-Technik 6 (1955) H. 2, S. 25–30.

[11] SEULEN, G. W. u. ALF, F.: Neue Verfahren beim Induktionslöten von Fahrradrahmen. Maschine u. Werkzeug (1955) H. 12.

[12] VDEh.: Stahl-Eisen-Werkstoffblatt 830–55. Düsseldorf: Verlag Stahleisen, 3. Ausgabe Juni 1955.

[13] LYMAN, T.: Metals Handbook. Herausgegeben von The American Society for Metals. Cleveland, Ohio (1958) S. 458–462.

[14] PETER, W.: Über den Abkühlungsvorgang in flüssigen Härtemitteln und seine Beeinflussung durch die Oberflächenbeschaffenheit des Härtegutes. Härtereitechnische Mitteilungen 5 (1952) S. 65–96.

[15] KARA, W. H. u. OVERKOTT, F. J.: Kennzeichnende Eigenschaften von Öl- in Wasser-Emulsionen zum Abschrecken beim Brennhärten. Das Industrieblatt 58 (1958) H. 5, S. 189–196.

[16] KEGEL, K.: Verfahren zur Härtbarkeitsprüfung bei induktiv zu härtenden Stählen. Zeitschrift für wirtschaftliche Fertigung (1960) H. 4, S. 169–174.

[17] BROWN, G. H., HOYLER, C. N. u. BIERWIRTH, R. A.: Theory and Application of Radiofrequency Heating. 2. Aufl. New York: D. V. Nostrand Co. 1948.

[18] KEGEL, K.: Die thermischen Grundlagen der induktiven Oberflächenhärtung mit Hochfrequenz. AEG-Mitteilungen 45 (1955) H. 11/12, S. 505–510. – Die Vorausbestimmung der Einhärtetiefe beim Induktionshärten. Härtereitechn. Mitteilungen 9 (1955) S. 31–44. – SEULEN, G. W. u. GEISEL, H.: Untersuchungen zur Ermittlung der Einhärtungstiefen beim Induktionshärten. Werkstattstechnik 50 (1960) H. 5, S. 263–268. – LEEMANN, A.: Wärme-

leitungsprobleme bei der Hochfrequenz-Oberflächenhärtung. Brown-Boveri-Mitteilungen 38 (1951) S. 364–368.

[19] KEGEL, K.: Die Durchführung der induktiven Zahnradhärtung und ihre betrieblichen Voraussetzungen in „Zahnräder und Zahnradgetriebe". Schriftenreihe Antriebstechnik 16. Braunschweig: Friedr. Vieweg u. Sohn, 1955, S. 170–175. – Betriebseinrichtungen zum induktiven Oberflächenhärten. Zeitschr. VDI 94 (1952) H. 11/12, S. 331–338. – Die Induktionshärtung mit Hochfrequenz im Werkzeugmaschinenbau. Industrie-Anzeiger 75 (1953) Nr. 80, S. 32–34. – STAUDINGER, H.: Werkstoffwahl u. Wärmebehandlung bei Zahnrädern für Bahngetriebe. AEG-Mitteilungen 45 (1955) H. 11/12, S. 529–537.

[20] KUHLBARS, H., SCHMID, H. u. SEULEN, G. W.: Neuartiges Verfahren zum Oberflächenhärten von Kurbelwellen. Maschine u. Werkzeug (1953) H. 5 u. H.7.

[21] KUHLBARS, H.: Die Induktionshärtung mit Frequenzen von 2000 bis 10000 Hz. AEG-Mitteilungen 46 (1955) H. 9/10, S. 281–286.

[22] FLICK, K.: Induktionshärteanlagen im Kraftfahrzeugbau. Werkstattstechnik u. Maschinenbau 45 (1955) H. 8, S. 384–389. – Induktionshärteanlage für Pleuel. Elektrowärme-Technik 5 (1954) H. 12, S. 249–251. – Induktionshärteanlage für gegossene Nockenwellen. Elektrowelt 3 (1958) H. 8, S. 136–138.

[23] HÖHNE, E.: Induktionshärten. Werkstattbücher H. 116, Herausgeber: H. Haake. Berlin/Göttingen/Heidelberg: Springer 1955, S. 55. – KEGEL, K.: Die induktive Oberflächenhärtung in der Fertigung. Elektrowärme 15 (1957) H. 3, S. 103–107. – LEEMANN, A.: Hochfrequenzhärtung von Stahl. BBC-Mitteilungen 38 (1951) H. 11, S. 333–338.

[24] KEGEL, K.: Ein elektrischer Beitrag zur induktiven Oberflächenhärtung. Dissertation TU-Berlin (1946/1951) S. 56–61.

[25] – Wie arbeitet ein EMA-Mittelfrequenz-Umformer? EMA-Firmendruckschrift, Elektro-Maschinen KG. Schultze & Co., Hirschhorn/Neckar.

[26] FINZI, A. u. WEIER, H.: Mittelfrequenz-Umformer. BBC-Nachrichten 39 (1957) H. 4, S. 207–218. – Induktionserwärmung: Firmendruckschrift EMA, Elektromaschinen KG., Schultze & Co., Hirschhorn/Neckar. – HAGEDORN, G.: Mittelfrequenzgeneratoren größerer Leistung, in „Sonderbauformen elektrischer Maschinen", VDE-Buchreihe 1. Berlin: VDE-Verlag 1958.

[27] KEGEL, K.: Oberflächenbehandlung von Stahl mittels induktiver Hochfrequenzerwärmung. Elektrotechnik 2 (1948) H. 10, S. 285–291.

[28] KÖPKE, H. u. UREDAT, E.: Belastungsverhältnisse und Eigenschaften von Senderöhren im Industriegenerator, dargestellt am Beispiel eines 6 kW-Generators. AEG-Mitteilungen 45 (1955) S. 523–528. – FISCHER, A.: Hochfrequenz-Generatorröhren für industrielle Zwecke. Die Siemens-Generatorröhre RS 1061. Siemens-Zeitschrift 29 (1955) H. 3/4, S. 142–143.

[29] SEULEN, G. W.: Das Induktionshärten langer Werkstücke. Zeitschrift VDI 97 (1955) H. 25, S. 869–876. – WOLOGDIN, W. P.: Oberflächen-Induktionshärtung, 2. Aufl. Oborongis, Moskau, Leningrad 1947.

[30] KÖPKE, H.: Belastungswiderstand und Wirkungsgrad bei Glühübertragern für die Induktionserwärmung. Elektrowärme-Techn. 5 (1954) H. 8, S. 157 bis 163. – WITSENBURG, E. C.: Erhitzung durch hochfrequente Felder. Philips' Techn. Rundschau 11 (1949) H. 6, S. 165–175. – SLUCHOTZKI, A. E.: Zur Berechnung von Induktoren für die Induktionserwärmung. Deutsche Elektrotechnik (1957) H. 8, S. 363–370.

[31] BELLING, K. u. SEHLER, H. C.: Hochfrequenzhärtemaschinen vom Standpunkt der Konstruktion. AEG-Mitteilungen 45 (1955) H. 11/12, S. 517–522.

[32] SCHEFFLER, F.: Induktionserwärmung für das Warmformen. AEG-Mitteilungen 46 (1956) H. 9/10, S. 292–297.

Sachverzeichnis

Berichtigung

S. 77, 9. Z. v. u.   statt   gehohlte
                     lies   gekohlte
S. 161, 15. Z. v. u. statt   induktiv zum Härten
                     lies   zum induktiven Härten

Kegel, Warmbehandlung